县域城市总体规划编制的思路与实践

以山东省沂源县2016—2035年城区总体规划为例

主　编 ◎ 唐丽静

副主编 ◎ 齐华庆　朱云峰

中国出版集团 | 全国百佳图书

中国民主法制出版社 | 出版单位

图书在版编目（CIP）数据

县域城市总体规划编制的思路与实践：以山东省沂源县2016—2035年城区总体规划为例 / 唐丽静主编；齐华庆，朱云峰副主编. — 北京：中国民主法制出版社，2023.9

ISBN 978-7-5162-3215-6

Ⅰ．①县… Ⅱ．①唐… ②齐… ③朱… Ⅲ．①城市规划 – 总体规划 – 研究 – 沂源县 – 2016-2035 Ⅳ．① TU984.252.4

中国国家版本馆 CIP 数据核字（2023）第 183271 号

图书出品人：刘海涛
出 版 统 筹：石　松
责 任 编 辑：刘险涛

书　　名／县域城市总体规划编制的思路与实践：以山东省
　　　　　沂源县2016—2035年城区总体规划为例
作　　者／唐丽静　主编　齐华庆　朱云峰　副主编

出版·发行／中国民主法制出版社
地址／北京市丰台区右安门外玉林里7号（100069）
电话／（010）63055259（总编室）　63058068　63057714（营销中心）
传真／（010）63055259
http://www.npcpub.com
E-mail: mzfz@npcpub.com
经销／新华书店
开本／32开　880毫米×1230毫米
印张／10.375　字数／224千字
版本／2023年10月第1版　2023年10月第1次印刷
印刷／三河市富华印刷包装有限公司

书号／ISBN 978-7-5162-3215-6
定价／65.00元
出版声明／版权所有，侵权必究。

目　录

第1章　总　则 ·· 1

　　1.1 城市概况 ·· 1

　　1.2 规划编制背景 ··· 9

　　1.3 规划原则 ··· 12

　　1.4 规划重点与技术路线 ································· 13

　　1.5 规划期限与规划层次 ································· 15

　　1.6 规划依据 ··· 15

第2章　现行总体规划实施评估 ····················· 17

　　2.1 基本情况 ··· 17

　　2.2 主要内容 ··· 17

　　2.3 综合评价 ··· 19

　　2.4 修编重点 ··· 21

第3章　现实基础与发展条件 ························· 27

　　3.1 社会经济发展历程 ··································· 27

　　3.2 经济发展基础 ·· 31

　　3.3 人口与城镇化 ·· 37

第4章 发展目标与城市性质与策略 ·······41

4.1 战略定位 ·······41

4.2 城市性质 ·······41

4.3 城市职能 ·······43

4.4 指标体系 ·······44

4.5 发展策略 ·······45

第5章 县域统筹规划 ·······50

5.1 城镇化发展战略 ·······50

5.2 人口与城镇化水平预测 ·······51

5.3 县域城镇体系规划 ·······58

5.4 县域生态与环境保护 ·······68

5.5 县域空间管制规划 ·······72

5.6 县域产业发展规划 ·······77

5.7 县域旅游发展规划 ·······100

5.8 县域综合交通规划 ·······112

5.9 县域公共服务设施体系规划 ·······120

5.10 县域重大基础设施规划 ·······134

5.11 县域公共安全与综合防灾规划 ·······162

第6章 主城区空间统筹 ·······175

6.1 主城区范围划定 ·······175

6.2 多元动力识别 ·······175

6.3 空间发展策略 ·······176

6.4 重点地区发展指引 ·············· 177

第7章 中心城区优化提升 ·············· 181

7.1 城镇人口及建设用地规模预测 ·············· 181

7.2 用地现状特征 ·············· 182

7.3 规划目标与布局原则 ·············· 184

7.4 四区划定与用地发展方向 ·············· 187

7.5 城市空间结构与用地布局 ·············· 193

7.6 中心城区公共管理与公共服务设施用地规划 ·············· 203

7.7 中心城区商业服务设施用地规划 ·············· 211

7.8 中心城区居住用地用地规划 ·············· 212

7.9 中心城区工业、物流仓储用地规划 ·············· 215

7.10 中心城区绿地系统规划 ·············· 218

7.11 中心城区景观风貌规划 ·············· 229

7.12 中心城区道路交通规划 ·············· 234

7.13 中心城区市政基础设施规划 ·············· 256

7.14 城市安全与综合防灾规划 ·············· 281

7.15 中心城区环境保护规划 ·············· 289

7.16 中心城区城市更新规划 ·············· 291

7.17 六线划定及管制要求 ·············· 297

第8章 多规融合 ·············· 302

8.1 总体要求 ·············· 302

8.2 基本思路 ·············· 304

8.3 空间管控框架 ·············· 306

8.4 对接策略 ·············· 311

第9章 中心城区近期建设规划 ·············· 313

9.1 规划期限 ·············· 313

9.2 规划原则与目标 ·············· 313

9.3 人口与用地规模 ·············· 314

9.4 近期发展部署 ·············· 314

第10章 城市远景发展构想 ·············· 317

10.1 远景发展目标 ·············· 317

10.2 远景发展策略 ·············· 317

10.3 远景发展部署 ·············· 318

第11章 规划实施保障措施 ·············· 319

11.1 加强规划法制建设 ·············· 319

11.2 完善规划衔接机制 ·············· 319

11.3 建立区域协调机制 ·············· 320

11.4 健全城乡统筹机制 ·············· 321

11.5 完善配套保障政策 ·············· 321

11.6 严格环境保护机制 ·············· 322

11.7 完善公众参与机制 ·············· 322

第1章 总 则

1.1 城市概况

沂源县位于山东省中部，因沂河发源于此而得名，隶属于淄博市，是淄博的南部门户，东靠临朐，西依莱芜，南邻蒙阴，北连博山，东南与沂水毗邻，西南和新泰接壤。沂源县平均海拔达400米，素有"山东屋脊"之称。沂源县行政辖区东西长约55.6千米，南北宽约52.2千米，总面积达1635.66平方千米，现辖2个街道办事处、10个镇、1个经济开发区，2015年全县总人口数为56.76万。

沂源历史悠久，文化灿烂。"沂源猿人"头骨化石证明，早在50万年前，人类祖先就已在这里繁衍生息，沂源是"山东古人类发源地"。沂源的"牛郎织女传说"被列入国家级非物质文化遗产名录，沂源被认定为"中国牛郎织女传说之乡"。沂源是革命老区，早在抗日战争和解放战争时期，全县约有2.3万人参军参战，老一辈革命家陈毅、罗荣桓、粟裕及原中央军委副主席迟浩田都曾在沂源生活和战斗过。此外，沂源是中国北方溶洞之乡，在10平方千米范围内有由大小100多个天然洞穴组成的鲁山溶洞群，被誉为"江北第一溶洞群"，"九天洞"更是被称为"天下第一石花洞"和"中国溶洞精品景观博物馆"。近年来，沂源县先后荣获"全国文明县城""国家可持续发展实验区""中国矿泉水之乡""山东省生态县"等称号，并荣获亚洲都市景观奖、中国城市管理进步奖等奖项。

沂源县经济发展速度较快，从贫困县发展到山东省中游的省百强县，仅用了20年时间，形成了著名的"沂源现象"。2016年实现全县域地区生产总值267.4亿元，增长7.5%。沂源农业发展具有较强特色，林果业发达，是全国现代苹果产业10强县，有享誉国内外的"沂源红"苹果、燕崖樱桃、中华寿桃等水果品种，也有消水蒜黄和悦庄韭菜等特色蔬菜品种。沂源重点发展医药和高分子产业，依靠5个上市公司：山东药玻、鲁阳股份、合力泰、瑞丰高材和华联矿业。贯彻"工业强县"战略，通过高新技术产业和高新产业园区建立突出沂源特色工业地位，并取得显著效果，山东药玻占国内市场份额的80%以上，瑞阳制药部分产业市场占有率全国第一。沂源主要以文化旅游发展带动服务业繁荣，2016年2月被确定为首批国家全域旅游示范区，2016年10月被确定为重点生态功能区。依靠鲁中山区生态优势、鲁山森林公园和鲁山溶洞群等自然资源，以及被列为国家级非物质文化遗产的牛郎织女传说的文化资源，重点发展全域旅游品牌建设，2015年实现服务业收入达119亿元，增长7.8%。

1.1.1 区域位置

沂源县位于淄博市南部，地处鲁中山区。县城距淄博市区90千米。全县东西长约55.6千米，南北宽约52.2千米，总面积达1635.66平方千米。县城至省会济南180千米，至青岛294千米，至泰安100千米，至临沂178千米，至淄博（张店）97千米，是鲁中地区重要交通节点城市。与济南市城市交通距离120千米，与青岛市城市交通距离180千米，济青高速南线G22在沂源境内总长58千米，将沂源距济南的车程缩短至60分钟，距青岛的车程缩短至90分钟，近期沾沂高速通过沂源，于县城东端与济青南线交叉贯通，大大提高了沂源各方向交通运输能力。重要能源运输通道瓦日铁路通过沂源。

1.1.2 地理条件

全县地形复杂，地貌类型较多，主要有中山、低山、丘陵和山前倾斜平地等几种。中山主要分布于南鲁山镇的县边界处，海拔均在800米以上，相对高度400米以上，山东省四大高山之一的鲁山就位于此。低山是本县主要地貌类型，海拔在400—800米之间，相对高度300米左右，各乡镇都有分布。丘陵海拔在200—400米之间，相对高度少于200米，主要分布于鲁村、南麻、悦庄、东里等地。山前倾斜平地海拔在180—300米之间，地势平缓，主要分布于鲁村、南麻、悦庄三镇周围及沂河两岸。全县制高点在鲁山山顶，海拔1108.3米，最低点在东里镇韩旺李家沟村，海拔203米，地势自西北向东南倾斜。沂源县境内有山崮2075个，其中，海拔在800米以上的有6座，700—800米的有20座，600—700米的有75座，500—600米的有137座。知名度较大的有：鲁山、毫山、唐山、万祥山、千人洞山、艾山等。

1.1.3 自然条件

1. 自然格局

沂源地处鲁中山区腹地县域，地势呈整体内凹趋势，县城四面环山，北高南低缓坡倾斜，中间百条河流穿城而过，素有"山水共融，美丽沂源"之称。

县域北部是山东省著名的鲁山森林公园，绿树葱郁，气候宜人，鲁山主峰高1108.3米，为山东省第四高峰，鲁山周边有溶洞群、沂源猿人遗址、凤凰山等著名景点，南鲁山镇在此驻镇，山西面是通往省会济南和淄博的主要通道。整体结构凸显县城北靠鲁山，南面沂河的背山面水的优良格局。

县域东部为沂山山脉，亳山林场区域，悦庄镇和石桥镇及张家坡镇坐落于此，呈东北高西南低的趋势，向南地势再次隆起，中部沟谷呈长条形，是济青连线的主要交通通道。县域南部为丘陵地带，鲜有平地，海拔高度多在50—200米之间。主要坐落乡镇为燕崖镇、中庄镇、东里镇、西里镇和大张庄镇，山地农业景观丰富。

县域西部地区以洼地沟谷和山丘地带为主，鲁村镇坐落于此，景观丰富。天湖库区是沂河的发源地，风景秀丽，秀美宜人，为沂源县城主要生活与工业水源地。西部地区地势较缓，是济青连线的主要交通通道。

2. 地质地貌

沂源县地形复杂，因受地质构造、岩性、河流、气候等内外营力作用的控制和影响，地貌类型较多，山峦起伏、沟壑纵横，地势自西北向东南倾斜。主要有中山、低山、丘陵和山前倾斜平地等几种，共占全县总面积的99.3%，属于纯山区。全县处于鲁西台，背斜鲁中隆起区中部，地跨鲁山断裂凸起、沂山断裂凸起、金星头断块凸起3个五级构造单元。县内地质构造复杂，基底为线形紧闭地垒或褶皱类型，且伴有断裂构造。现沂源县城地质主要为厚约5—12米的第四系覆盖层，下接白垩系砾岩、砂岩，随河流下切形成阶地。

县城位于螳螂河岸一级阶地上，县城内泰薛路以南至沂河，东至悦庄镇界，西至五井断裂，为奥陶系；岩性为马家沟组豹皮状灰岩、黄泥灰岩，厚度约500米。泰薛路以北至历山前一带，地层出露为石炭系、侏罗系、白垩系地层，岩性为页岩、灰岩、铝土页岩和杏仁状玄武岩，总厚度350米。第四系地层主要在螳螂河、沂河左右岸及南麻盆地内，以冲积物、洪积物为主，总厚度5—12米。

3. 气候条件

沂源县地处中纬度带，属暖温东部季风区域大陆性气候，受冷暖气流的交替影响，形成了"春季干旱少雨，夏季炎热多雨，秋季爽凉有旱，冬季干冷少雪"气候温和、四季分明的特征。年平均气温12.2℃，受山地地形影响，县城中部气温较高，达到13.2℃。受地形影响，北部山区、东南部沂河谷地为多雨区，东里一带年均降雨808.5毫米，较全县年均降雨多117.6毫米。鲁村洼地为少雨区，包家庄一带年均降雨660.5毫米，较全县年均降雨少30毫米。生态环境对降水影响也很大，鲁山、亳山等林场附近，年降水量偏多5%—13%。天湖库区降水量比3千米以外的县城偏多27.6毫米。沂源县境内历年平均日照时数为

2440.6小时，日照百分率为55%，历年无霜期为190天，并且县域内以静风、西风和东北风为最多。

4. 土地资源

沂源县域内可利用土地面积为1635.8平方千米，其中，农用地1228.8平方千米，约占土地面积的75%；建设用地面积146.9平方千米，约占土地面积的8.9%；其他土地面积259.7平方千米，约占土地面积的16.1%。沂源县地处山地，适合农业耕种的土地较少，仅占18.6%，而且主要集中在县城区域，可见耕地面积各乡镇分布不均衡。

5. 水文条件

沂源县水资源包括地表水和地下水两部分。全县多年平均水资源总量为4.6亿立方米，其中地表水径流总量约3.9亿立方米，地下水总补给量为2.1亿立方米，重复水量为1.4万亿立方米，年平均可利用量为1.7亿立方米。

流经和发源于沂源县内的大小河流1530条，全长3600千米。境内发源了沂河、弥河、新汶河3条水系，分属淮河流域沂沭泗水系、黄河流域大汶河水系、淮河流域山东半岛诸河水系。其中沂河水量最大。东南、西南和东北呈放射状分流，主要有16条主要河流，主要为：石桥河、徐家庄河、螳螂河、红水河、南岩河、马庄河、白马河、高村河、儒林河、杨家庄河、五井石河、柴汶河、暖阳河、良疃河、龙山河、辛庄河，在沂源县境内河道总长度为248.98千米，径流量为5.08亿立方米，基本属于山丘区河道，在山东省属于水资源较为丰沛的地区。

6. 矿产资源

沂源县矿产资源较为丰富，目前，在山东境内发现的122种矿产中，沂源县境内就有30种。主要有煤、铁、长石、石英、砖瓦用粘土、铝矾土等矿藏和铜、锰、金、银等多种稀有贵重金属。截至目前，在全县已发现的矿种中，已探明储量并已开发利用的有13种，保有矿产总量达4.98亿吨。全县共有各类矿山企业66个，年产矿石总量270万吨，实现矿业产值2亿多元人民币，已成为县经济发展的支柱产业之一。企业规模较大的华联矿业位于县城东南马家沟一带，受东里镇管辖，主营开发开采铁矿，采空区已避让和治理，省道S226经过矿区，交通方便。鲁村煤矿从1978年进行开发，年产原煤能力40万吨，矿区面积12.5平方千米，在国家生态保护政策下，鲁村镇煤矿开始适当开发，逐渐保护。

1.1.4 文化资源

沂源是山东古人类发源地，"沂源猿人"头骨化石证明，早在50万年前，人类祖先就已在这里繁衍生息，人杰地灵，英杰辈出。夏朝时，沂源地域属"奄"。商朝时，沂源地属"人方"。周朝时，鲁国在艾山附近设艾邑等治所。西汉时盖邑改称盖县，属兖州泰山郡。东汉末在东安村设东安郡所。三国时，属东莞郡东莞县。后沂源地域大部属沂水县、新泰县、临朐县。元朝至民国时，沂源为沂水、蒙阴、临朐三县属地。从古到今涌现出数百名县至省部级职官和各个领域的名人。明代有吏部尚书杜泽和河南按察使江孔燧。清代至民国有工部主事齐更新，诗人齐振锡，书法家高海清，名医张化一、王太东。这些英杰为沂源深厚的历史文化积淀添上了浓墨重彩的一笔。

沂源近现代也涌现了一批大无畏的英雄,抗日名士杨荆石、刘子升,解放战争时有"七月英雄"侯成安,爆炸大王左太传,神枪手陈现义,英雄团长赵君本,战斗英雄王光仁等,他们誓死拼搏的精神与不屈的斗志为沂源创造了和平与安定。

1.1.5 历史沿革

周朝时,鲁国在艾山附近设艾邑,在盖冶村设盖邑,纪国在阮峪村设浮莱邑等治所。西汉时盖邑改称盖县。东汉末在东安村设东安郡所,隋朝开皇四年(584年)改为东安县。后沂源地域大部属沂水县、新泰县、临朐县。元朝至民国时,沂源为沂水、蒙阴、临朐三县属地。

1938—1939年,国民党山东省政府曾驻鲁村和东里店。抗日战争时期,先后分属新蒙、博莱、沂北、沂中、蒙阴、新泰、沂水、临朐、益都等县。1944年春,成立中共沂源县委,至此,沂源始为行政区,因沂河发源于此而得名,隶属中共鲁中行政联合办事处。1950年5月改属沂水专区。1953年8月改属临沂专区。1978年7月,隶属临沂地区行政公署。1990年1月1日,沂源县由临沂地区行政公署划归淄博市。

1.1.6 行政区划

沂源县共辖2个街道、10个镇和1个经济开发区,分别为南麻街道、历山街道以及悦庄镇、中庄镇、燕崖镇、西里镇、东里镇、张家坡镇、石桥镇、鲁村镇、大张庄镇和南鲁山镇。全县共有633个村(居)委会。

1.2 规划编制背景

1.2.1 生态文明建设是国家发展的新要求

以实现生态文明为目标，有关城乡发展的系列改革措施正在加快推进。绿色城镇化，尊重自然格局，依托现有山水脉络、气象条件等，合理布局城镇各类空间，落实五位一体划定、生态红线、确定永久基本农田、推行河长制、建设海绵城市等；保护自然景观，保持特色风貌，防止"千城一面"，加强城市设计工作、推行城市双修等；以创新引领空间发展，推进多规合一、特色小镇、全域旅游工作。

2016年沂源县获批国家重点生态功能区和全域旅游示范创建单位，全域生态保护提上日程，沂源旅游发展全面提速，亟需进行县域统筹和空间应对，构建指导长远发展的总体空间框架，并形成指导全县域发展的空间纲领。

1.2.2 中央要求加强规划引领作用，推进城市总体规划改革

近年来，中共中央连续召开了城镇化工作会议、城市工作会议等一系列重要会议，进一步突出了新时期城市工作的重要性，并对城市规划的改革方向做出了明确指示，习近平总书记强调"城市规划在城市发展中起重要引领作用，应立足提高治理能力抓好城市规划建设，发挥重要引领作用"。城市总体规划在城市发展中的地位与作用得到全面提升。

当前，城市总体规划已由技术导向的建设规划向公共政策

型空间规划全面转型。新一版城市总体规划编制审批管理办法指出：总体规划是全局性、综合性规划，在城市发展中具有战略引领和刚性控制作用。同时，加强全域空间发展的管控与引导能力也成为新一轮城市总体规划改革的具体做法，旨在通过对"生态、农业、城镇"及其他重要战略性资源的空间边界划定，明确保护和建设要求，提升全域管控能力。通过规划体系层层传导，逐级落实刚性管控边界和管理要求。

1.2.3 转型发展的时代背景及面临的新趋势

1. 我国发展正处于历史性的社会经济大变革时期

我国经济发展从生产时代向消费时代演变，产业结构已呈现出以第三产业为主导的发展趋势，同时消费将超过投资成为经济增长最首要的贡献因素。投资拉动经济增长的"黄金10年"基本结束。2015年我国消费超过投资，消费成为近10年首次拉动经济增长的第一要素，居民消费增长显著且对高品质服务的需求快速增加，旅游、文化、健康、教育等优质服务需求激增的态势已经显现且市场潜力巨大。

"人"的地位得到全面提升，"空间消费"取代了"空间生产"成为推动城市空间发展的核心要素。随着消费在我国经济发展中的作用逐渐增强，以及生产模式向"弹性生产、工业4.0、服务外包"等方式变化，人作为生产要素在生产关系中的地位得到前所未有的提升，突出"以人为本"的治理模式成为发展主流。从我国居民的消费结构的变化趋势来看，高品质服务的需求快速增加，多样化消费需求大幅增加。未来对城市空间消费由"量"的需求转变为"质"的要求。城市不再是"生产空间为主导"的功能属性，以人为本的空间消费也成为了推动空间发展的重要力量。城市传统的功能与空间关系正发生着深刻变化。"空间消费"继而取代了"空间生产"成为推动城市空间发展的核心要素。

2. 文化、生态、服务等新兴高价值要素地区成为引导发展的新型增长极

随着旅游、休闲、健康、体验等多样城市空间消费需求的涌现，未来"以文化为导向的城镇化"逐渐成为城市转型趋势，混合功能和新类型城市空间开始出现。文化、生态、服务等成为消费经济下新的高价值要素，具备以上新兴高价值要素的城市地区，成为引导经济增长和空间优化的新型增长极。

近年来，国内以"创新空间"为代表的新城市空间类型不断出现，也不乏以"文化+、生态+、服务+"等创新空间为依托带动城市转型的案例。如，东莞松山湖地区借助良好的生态环境，将高标准的现代城市功能空间与自然环境通过设计充分融为一体，成功吸引了华为等众多知名科技企业入驻。

同样，"特色小镇"也是近年来新兴的一类空间组织模式，是具有明确产业定位、文化内涵、旅游和一定社区功能的综合空间发展平台。意图通过最小的空间资源投入及最市场化的操作方式达到优化生产力布局的目的。强调以人为核心，通过空间环境品质的塑造，居住生活环境的改善，满足就业、居住、生活、娱乐等的多样化需求。

1.2.4 "全域旅游"上升为国家战略，成为经济发展重要引擎

改革开放40多年来，中国旅游业经历了从无到有、从小到大的发展过程。回顾40多年来的发展，中国旅游业主要以景点景区、宾馆饭店建设为主，是典型的景点旅游模式。这种发展模式和路径对我国旅游业的发展功不可没，为现代旅游业发展打下了良好的基础。但是，目前我国旅游业已经进入大众旅游时代，2015年国内游人数达到40亿人次，人均出游接近3次。出游方式上，游客以自助游为主，自助游超过85%，自驾游超过60%。景点旅游模式已经不能适应旅游业发展和游客的需求，所以，有必要从景点旅游模式向全域旅游模式转变。

1.3 规划原则

坚持全域规划的原则。发挥城市总体规划在城市发展中的战略引领和刚性控制作用，打造实现全域空间资源合理配置和城乡空间科学优化的协调平台，体现城市总体规划全局性、综合性与战略性的定位要求。

坚持绿色发展的原则。转变传统粗放发展模式，坚持"绿水青山就是金山银山"的核心理念。加强资源环境约束，促进人与自然的和谐共生。

坚持创新引领的原则。区域产业培育坚持创新提升为导向。突破资源依赖等传统产业发展路径，坚持通过创新引领全县经济发展。强化区域对人才、服务等新兴创新要素的集聚和吸引力，实现转型增长。

坚持彰显特色的原则。保护沂源独具特色的山水景观格局，发挥地方红色文化等历史文化资源优势。加强对地方特色的保护与提升，实现地区特色化发展。

1.4 规划重点与技术路线

1.4.1 规划重点

本次规划将着重以沂源县的区域格局、全域统筹、特色构建以及建设实施4个方面作为工作重点。本次规划将全面分析沂源县面临的优势与挑战；城镇化内生动力机制、全域旅游带来的空间影响；县域特色发展体系、县城特色风貌格局的营造；新区建设、老城更新策略，指引未来沂源县的发展。

1. 区域格局：优势与挑战

分析沂源在区域发展中的资源条件和比较优势，明确沂源在新时期下的发展定位和发展目标，以此作为引导县域和县城进行空间布局和调整的基础。

2. 全域统筹：城镇化内生动力机制、全域旅游的空间影响

以全域统筹的视角研究沂源城镇化发展进程中的特点与动力，识别城镇化发展的根本动力，以此为抓手推进沂源城镇化进程。分析沂源旅游资源的特征，明确今后沂源全域旅游的发展路径，加速建设成为全域旅游示范县。

3. 特色构建：县域特色发展体系、县城特色风貌格局

沂源未来城乡空间发展应在县域"一盘棋"的思路下，以明确集约、集聚发展、抓住特色为基本原则，构建起支撑持续发展的空间架构，处理好近期建设与远期控制的关系。

沂源位于鲁中山区，是沂河源头，拥有较好的山水生态条件，未来发展的竞争优势也是生态。毫无疑问，山水生态是沂源的魂，在这个生态发展，绿色崛起，特色引领的时代，营造独具特色的城市风貌，必将是未来沂源脱颖而出，蓬勃发展的关键。

4. 建设实施：新区建设、老城更新

全方面的分析论证儒林新区的可行性，新区建设将成为县城扩容提质，产城融合，统筹全域的重要空间载体，更是结合儒林河景观所打造的沂源新名片。老城区是沂源底蕴、积淀之所在。老城区更新将以彰显人文、山水生态为重点，加快老城更新改造步伐，老区更新将坚持与新区建设有机结合，不断完善城中村改造计划，彰显城建新形象。

1.4.2 技术路线

从区域分析入手，结合自身优势与特点，梳理新时期的发展动力，分析现有发展模式面临的现实状况，进而明确沂源的目标定位，并强化相应的空间支撑。

基于县域整体视角研究问题，通过功能统筹，构建县域整体发展框架，统筹县域城乡发展，支撑沂源发展目标的实现。

以中心服务功能提升、景观风貌特色塑造和交通体系支撑为导向，提升中心城区的竞争力和吸引力，引导人口集聚，实现带动周边地区发展的目标。

1.5 规划期限与规划层次

1.5.1 规划期限

本次沂源县县城城市总体规划期限设定为2016—2035年，以便从相对长远的视野统筹考虑空间发展战略、城镇空间布局和重大基础设施引导等全局性内容。

为强化与沂源县国民经济社会发展"十三五"规划、土地利用总体规划等相关规划的衔接，突出规划的行动性和实施性，本次规划近期期限确定为2016—2025年。

1.5.2 规划层次及范围

规划分为县域和中心城区两个层次。

县域：即县域行政辖区范围，包括2个街道办事处、10个镇、1个省级经济开发区。

中心城区：包含历山街道、南麻街道和悦庄镇的41个村。

1.6 规划依据

1.6.1 规划依据

1.《中华人民共和国城乡规划法》（2008年1月1日）；

2.《城市规划编制办法》（建设部令第146号）；

3.《城市绿线管理办法》（建设部令［2002］112号）；

4.《城市紫线管理办法》（建设部令［2003］119号）；

5.《城市蓝线管理办法》（建设部令［2005］144号）；

6.《城市黄线管理办法》（建设部令［2005］145号）；

7.《山东省城乡规划条例》（2012年）；

8.《山东省城市总体规划编制暂行技术规定》（2004年）；

9.《山东省城市和县城总体规划实施评估办法（试行）》（2012年）；

10.国家其他相关法律法规、标准规范等。

1.6.2 主要参考资料

1.《山东省国民经济和社会发展"十三五"规划》；

2.《山东半岛蓝色经济区发展规划（2011—2020年）》；

3.《山东省城镇体系规划（2011—2030年）》；

4.《山东省新型城镇化规划（2014—2020年）》；

5.《淄博市国民经济和社会发展"十三五"规划》；

6.《淄博市城市总体规划（2011—2020年）》；

7.《沂源县国民经济和社会发展"十三五"规划》；

8.《沂源县土地利用总体规划（2006—2020年）》；

9.其他相关资料。

第2章 现行总体规划实施评估

2.1 基本情况

《沂源县县城城市总体规划（2012—2020）》（以下简称现行总规），由淄博市规划设计研究院承担编制，2011年8月现行总规修编申请经淄博市人民政府批复正式启动总规编制。2012年2月现行总规纲要阶段成果的编制工作完成并通过淄博市规划局审查。2012年9月，《沂源县县城城市总体规划（2012—2020）》通过沂源县第十七届人大常委会审议。2012年10月，现行总规由淄博市人民政府批复，正式实施。

2.2 主要内容

现行总规规划期限为2012—2020年，其中近期为2012—2015年。规划由规划文本、规划图纸和附件（规划说明书、专题研究报告和基础资料汇编）三部分组成。规划文本分为14章，共83条，其中强制性内容31条，规划图纸45张。总体规划的主要内容如下。

规划规定沂源县的城市性质为：北方山水特色突出的山水生态城市；济青高速公路南线重要节点城市；鲁中现代高新产业和服务业基地。

规划将县域城镇规模等级结构划定为三级，即中心城区、中心镇及一般镇。其中，中心城区为县城；4个中心镇为悦庄镇、鲁村镇、南鲁山镇、东里镇及其余6个一般镇。县域形成"一核、三轴、四心"的县域空间结构。其中，"一核"是指中心城区；"三轴"是指一条主轴，济青高速公路南线（二三产业发展轴）与博沂路—南崔路旅游发展副轴线、沂蒙路—南麻—南鲁山农业发展副轴线两条副轴；"四心"是指东里镇、鲁村镇、悦庄镇和南鲁山镇四个中心镇。城镇化水平于2020年达到了55%—60%。要按照城乡统筹的原则，规划建设好城乡居民点和县域基础设施，构建分工有序、布局合理的县域城镇体系，促进城乡一体化发展。

规划2020年沂源县中心城区城人口规模达30万人。规划2020年中心城区城市建设用地面积为34.8278平方千米，人均建设用地128.99平方米/人。

规划确定规划区范围为北至北外环以北约500米，南至侯家官庄，西至刘家大峪，东至工业二路，规划区内建设用地面积为34.83平方千米。

中心城区布局结构。沂源县中心城区布局秉承"老城提升、新城开发、互为补充、整体推进"的空间发展思路。规划确定沂源县中心城区用地发展策略为：东展、西扩、北延、南控、中优。其中，"东展"是指随着经济开发区的成立，结合城市基础设施的发展建设，拓展东部的发展空间，集中打造东部工业高端产业聚集区；"西扩"是指依托旅游生态保护区，城市建设往西扩张，打造西部休闲、生态宜居区；"北延"是指依托新行政办公中心及商业次中心的辐射带动作用，中心城区的发展可适当向北；"南控"是指因为中心城区受地形、济青高速公路南线、铁路及铁路专运线的影响，城市建设不宜向南拓展；"中优"是指强化老城区功能，结合老城区的改造强化老城区商业、优化居住环境、缓解交通及用地压力、完善公共服务设施及市政基础设施建设。

2.3 综合评价

现行总规的实施正值沂源进入跨越式发展的时期。随着高新技术产业园的开发建设，全县布局了新医药、新材料及高分子三大产业组团，完善了产业园区的基础设施建设，拓展了工业发展空间。以河湖新区建设为契机，全面推进县城西部片区的基础设施建设，城市道路系统得以完善，沂源县城市发展框架进一步拉开。现行总规在这一系列的城市建设过程中发挥了重要的指导作用，同时也出现了一些不适应的问题。

2.3.1 现行总规的指导作用

1. 提升了城市定位，明确了城市发展的总体方向

在现行总规指导下，围绕"北方山水特色突出的山水生态城市、济青高速公路南线重要节点城市、鲁中现代高新产业和服务业基地"建设，转变经济发展方式，城市综合功能不断强化，沂源在淄博以及山东省内地位快速攀升，在山东省县级城市中排名提升，是鲁中地区重要的生态高地，山水生态城市的地位不断加强。

2. 一核三轴四心的县域空间结构，为整合县域、联动区域指明了方向

沂源县城建设不断加快，基础设施建设及公服配套逐渐趋于完善，有力地助推形成了以县城为核心的架构；由县城向外形成以高快速通道，国县道为基础的放射式扩展，助力了沂源产业的发展，产业布局初步形成；县域重点镇起到了县域重要的服务节点的作用，规划确定的县域"一核、三轴、四心"的县域空间格局初步形成。

3. 重点功能区启动，引领县城空间发展

随着河湖新区建设的不断推进及沂源经济开发区的启动建设，沂源城市空间拓展迅速，城市空间结构与空间布局不断优化。随着经济开发区的启动，沂源近年来大力推进工业退城、退镇入园，不仅提升了沂源县整体的生态环境，更推动了沂源产业的高度集聚，形成了若干产业集群。在重点功能区的带动作用下，沂源县县城的中心作用得到了进一步提升。

4. 生态格局基本形成，市政设施逐步完善

近年来，沂源县大力加强水系山体的整治修复工作，全面推进山水花园城市建设，取得了显著成效。与此同时，围绕城市道路、水源地、各类市政管网、市政公用设施建设、改造维护等为重点，城市面貌得到了极大改善，城市综合承载能力不断提高，为城市未来发展提供了强有力的基础支撑。

2.4 修编重点

2.4.1 修编的背景

1. 新时代背景下城市发展目标和路径发生改变

中国特色社会主义进入新时代，我国经济已由高速增长转向高质量发展，党和国家提出了加快生态文明体制改革等战略部署，并发出了向实现"两个一百年"奋斗目标进军的时代号召。新型城镇化建设的新要求，核心是以人为本的城镇化，提出把生态文明建设放在治国理政的重要战略位置。

国家设立山东省新旧动能转换试验区，形成"三核引领，多点突破"的产业战略。淄博作为"多点"中的一点，提出以14家国家省级经开区、高新区等为重点，创新园区管理运营机制，明确下属各区县产业发展方向，培育特色经济和优势产业，打造具有核心竞争力的区域经济增长点。产业发展的方向也重新定义，强调发展新兴产业（新材料、医药健康），提升传统产业（旅游、文创、农业）；大力发展低碳生态经济，未来将大力支持沂源等国家重点生态功能区建设。

2. 国家和山东省空间战略要点与区域格局变化

山东省迎来多方合作机遇与自身格局优化的思路，沂源既面临机遇也会遇到挑战。"一带一路"倡议和"环渤海经济圈"的建设，山东省提出"打造山东半岛城镇群""做强济南、青岛两大都市圈""双核、四带、六区"等空间布局思路，淄博纳入济南都市圈，并且面临多向开放和环渤海区域整体合作机遇。沂源未来承接济南都市圈的产业、人才外溢，将进入发展的机遇期。而另一方面，因人口的外流和老龄化的加快，沂源也会迎来被进一步边缘化的挑战。因此沂源需要结合自身优势，培育特色功能，增强自身的吸引力，以提高区域竞争力。

3. 沂源城乡规划新要求

2016年11月，淄博市城市工作会议召开，提出了"四位一体、组群统筹、全域融合"，即推动张店、桓台、周村、文昌湖一体化，凸显主城区地位；统筹张店、淄川、博山、周村、临淄、桓台六个城市组群协调发展；用全域淄博的理念谋划高青、沂源两县的发展，形成全域一盘棋。的总体发展框架。新空间发展思路的提出，为淄博跳出传统空间框架，创新功能安排与统筹组群发展创造条件。贯彻落实"四组全"总体思路首先需要明确"四组全"各层级功能分工，形成"主城区—辅城区—外围县城"的发展格局。其中主城区将以"四位一体"为主体，引导先进产业集聚发展，主城区"纳县舍区"的机制安排需要予以研究明确。辅城区将以淄川、临淄、博山等为辅城区，优化提升传统产业。外围县城将由高青、沂源组织农业发展、促进城乡统筹。

2016年，沂源获批国家重点生态功能区和全域旅游示范创建单位，全域生态保护提上日程。另一方面，沂源旅游发展全面提速，亟须进行县域统筹和空间应对，构建指导长远发展的总体空间框架，并形成指导全市发展的空间纲领。

4. 城市空间治理与规划体系改革的新探索

随着城市发展主体、发展模式和发展逻辑的变化，近30年来急风暴雨式的大城市疯狂扩张阶段已经结束。新一轮各城市2035版总规将是保护自然山水、历史文化和现代优秀文化的最后机会，是构筑生态城市、理想城市、人文城市基本格局的最后机会，也是整合碎片化布局、孤岛式园区的最后机会。

住建部开展了一系列总规编制改革工作，提出六个主要内容和四个相关要求。要加强战略引领和底线管控作用，要切实推进多规合一，确保一张蓝图干到底。2018年，自然资源部的成立是国家空间资源再分配的顶层设计理念的贯彻落实，也是城市发展新逻辑的重大转变。

2.4.2 修编的重点内容

1. 确定区域经济新格局下的城市定位和功能组织

随着淄博市工业三十条、沂源县工业三十一条的提出与不断落实，沂源县的产业发展正在迎来全新的工业化动力。农业现代化发展不断深入，农村经济得到全面提升。随着区域消费水平的普遍提升，文化旅游等现代服务业也迎来重大的发展契机。城市发展定位应结合上述要求和机遇，适应新时期沂源经济、社会的发展特征与要求。

2. 确定两规合一、科学合理的城乡用地结构与规模

本次总体规划修编在《沂源县土地利用总体规划（2006—2020年）》批复之后。为了使修编成果得以有效实施，必须衔接新一版土地利用规划。由于两个规划在用地分类上存在差异，因此需要理顺各类用地的功能属性，在协调好两规的约束性指标前提之下，确定城乡用地构成。

当前的区域经济一体化所带动的发展机遇，以及县域经济转型升级和城镇化的新态势，将对沂源城乡人口流动产生深远影响。因此，本次修编工作要充分结合现状基础和发展机遇，规划保障城市长远发展的、合理的城市规模目标。

3. 强调提升"两线三区"的全域管控能力

加强资源环境承载能力和环境容量研究与预测，合理确定发展规模。科学画定生态保护红线和城市开发边界（"两线"），对接永久基本农田保护线，加强生态用地的保护和建设，控制城市集中建设区发展形态。划定禁止建设区、限制建设区和适宜建设区（"三区"），同步研究制定管理办法和配套实施政策。

4. 制定城乡双向视角下的市域空间管制规划和用地布局

沂源县呈现出的城乡一体化发展态势，要求本次修编工作必须要在市域层面统筹布置城乡建设资源，同时处理好建设空间与非建设空间的关系。既要保障满足城市发展合理规模的建设用地供给，又不能因为城市发展损害乡村地区的利益。因此，从城市、乡村两个视角对各类功能空间提出明确的管制要求，从而使更大的区域空间用途的发展能取得协调，实现城乡发展机会的均等化。

5. 完善城乡基本公共服务均等化视角下的公益性社会事业配置

城乡基本公共服务均等化是和谐社会建设和统筹城乡发展的重要组成部分，体现政府基于当前发展阶段所实施的重要举措，是指以政府为主体，以农村为重点，在城乡间合理配置公共服务资源。因此，在本次修编工作中公共服务设施规划不仅要满足县城的需求，也要满足广大乡村的需求。通过教育、医疗、文化、体育、福利等五方面服务设施的城乡统筹配置，提供全县域居民享受平等的公共服务权益。

6. 明晰区域交通网络化体系下的城市综合交通体系

构建多节点、网格状均衡的综合交通运输新格局，构建绿色高效的运输体系，建立统一、开放的区域客货运输和物流服务市场。建设城际轨道交通、市郊铁路等加强组群内部联系能力。以多层级枢纽实现多网融合，支撑"交通引领与区域联动发展"的多中心结构建立。统筹轨道、公交、步行和自行车等多种出行方式以及停车等相关设施建设。

7. 在城市设计方面，保护城市特色风貌，营造宜居环境

以总体城市设计优化城市形态，强化建设风貌管控，塑造城市特色。对旧城区实施修补整治、提升效率和塑造风貌，促进品质提升；加强适应人口结构变动的服务供给，针对人口需求趋势进行设施优化（尤其养老设施），实现差别化的配套标准。建设紧凑的城乡生活圈。

8. 在市政设施方面，强调构建绿色低碳基础设施体系构建

落实网络城市、海绵城市、综合管廊、智慧城市建设要求。优化资源能源利用和保障，提升城市综合防灾能力。建设城市通风廊道，实现城市自然"呼吸"，构建集中建设区一、二级通风廊道。优化集中建设区空间形态及用地开发强度。大力开展生态修复，构建绿色低碳的基础设施。

9.完善规划其他的法定性内容

根据《城乡规划法》《山东省城乡规划条例》《城市规划编制办法》的要求补充相关内容，重点加强城乡统筹规划、规划区空间管制规划、生态环境保护规划等内容，并加强与土地利用总体规划和国民经济发展规划等其他规划的衔接。

探索规划技术框架创新。将新一版总体规划编制与分区规划相结合，分层落实总体规划管控要求。创新城市空间治理模式，完善规划管理监督机制，建立城市总体规划评估制度。应对新形势下的空间管理要求，完善规划实施保障。

第3章 现实基础与发展条件

3.1 社会经济发展历程

3.1.1 新中国成立后到改革开放前沂源发展——奠定现代工商业发展基础

沂源工业起步较晚,新中国成立前均为私营手工作坊,十分落后。1949年,全县工业产值(不含市属以上工业,下同)为100万元,占工农业总产值的9%。1953年,全县第一条公路博沂路建成通车,翌年开通长途电话,解决了沂源交通闭塞,通信落后的局面。在新中国成立后的国民经济恢复和第一个五年计划期间,完成了社会主义改造,工业发展迅速。1957年,工业产值达到303万元,年平均递增6.8%。由于"大跃进"时期,受"左"倾错误的影响,全县工业一度超越实际盲目发展,造成较大浪费。1962年,贯彻国家经济调整政策后,没有盲目"一刀切",而是实事求是地保留了一批骨干企业,为后来的经济振兴打下坚实的基础,此后,工业发展逐渐正常。"三五"计划期间,发生了"文化大革命",工业生产受动乱影响,一度陷于停顿,广大干部工人顶着工作压力,恢复生产,降低损失。1970年,全县工业总产值593万元,年平均递增6.8%。"四五"期间,加强基础工业建设,并发展了轻工业。"五五""六五"期间,认真贯彻中共十一届三中全会精神,大力推行经济体制改革,乡镇村企业异军突起,工业生产跃升一个新台阶。1985年,全县工业产值8367万元,年平均递增14.1%。"七五"期间,克服资金短缺、市场疲软等困难,工业仍保持较好的发展势头。

3.1.2 改革开放后——改革体制培养骨干,"沂源现象"享誉国内外

十一届三中全会后,认真贯彻中共十一届三中全会精神,大力推行积极体制改革,摆脱了体制束缚的沂源工业突飞猛进,迅速在县域经济中处在了突出位置:从1986年全县工业生产总值实现10902万元,首次突破一个亿,到1987年沂源工业首次超过农业产值,成为沂源经济的支柱。同年,全县经济工作会议召开,号召广大干部群众突破小农经济思想,强化商品经济意识,突破旧的思想观念,并第一次确立了"工业农业一起抓,重点抓工业,抓好工业促农业"的经济工作指导思想。1988年,全县企业发展到1098家(含乡镇企业),总产值已达3.94亿元。乡镇企业异军突起,重点企业也获得长足发展。例如沂源县玻璃厂始终是工业企业的排头兵,在1977—1990年期间,县玻璃厂先后6次进行重大技术改造,兼并草埠医用玻璃厂和沂源县汽车修理厂两家亏损企业规模日益壮大,1988年更名为山东药用玻璃总厂,1990年晋升为国家二级企业,职工人数达到1502人,创利税1048万元,年生产抗生素瓶19亿支,占全国总产量的1/3,当时其企业规模和机械化程度已均居全

国同行业前列，成为全国最大的药用抗生素瓶专业生产厂家之一。

1992年社会主义市场经济体制改革目标确立，市场经济空前冲击着人们的思想，大批各行各业的国民纷纷下海经商。同年，县委九届五次会议中提出，应破除只有国有经济才是社会主义经济的旧观念，应树立以公有制为主体，多种成分并存的新观念，破除只靠劳动力，树立以资源优势和比较优势发展经济的观念，树立科学技术是第一生产力的观念。在新经济发展理念的指导下，至1999年底，26家县属工业企业改制工作全部完成，共出售净资产5500万元。同时参照县属工业企业改革，对253家乡镇企业也进行了改制，出售净资产1743万元。同时，县政府加快招商引资和产品出口，1993年已建立与50多个国家的商贸往来，发展企业23家，产品出口11大类22个品种。在国家经济体制改革的浪潮和县政府积极推进企业改革与市场拓展的带动下，到20世纪90年代后期，大部分骨干企业走出困境，药用玻璃、节能材料、制药、化工、高分子材料、制革、酿酒、饮料、纺织和制鞋等产业的规模和总量不断壮大。同时，大力建设工业园区和工业重点项目，工业园区以培育优势产业和加快高新技术产业为主，一批医药和医药包装、技能材料、精细化工和食品加工等主导产业的新兴高新技术项目进入工业园区。1997年，全县工业企业共实现工业生产总值25.30亿元，利税1.55亿元。

自2002年以来，全县工业以骨干企业和优势产业为依托，大力推进基地建设，推进"工业立县"战略和"绿色、生态、环保"理念，继续深化企业改革，逐步形成了行业门类比较齐全，产业结构较为合理的工业体系。医药及医药包装、节能材料、高分子材料、食品加工、玻璃纤维、精密铸造"六大行业产业基地"粗具规模。2004年底，"六大基地"有97家企业，其中，医药及医药包装企业8家，节能材料企业4家、高分子材料企业2家、食品加工企业35家，玻璃纤维企业18家，精密铸造企业30家。2005年通过产权联合、资产重组、授权经营等方式建设12家企业集团，6家利税超过5000万元，4家过2亿元，10家入选全县域百强，1家入选全省重点企业集团。企业集团实现销售收入55个亿，利税11亿元，分别占规模以上工业的71%和89%。药玻、鲁阳、瑞阳、联合化工4家上市企业贡献地方财力近亿元，占到全县总财力的1/6。企业上市有力地带动了全县经济社会持续快速健康发展、推进了企业结构调整、增强了企业自主创新能力和综合竞争力。2007年，济青南线高速公路（G22）正式开通，沂源县对外交通能力发生了历史性改观。同年截止，全县规模以上工业企业共实现工业生产总值154.8亿元，利税总额21.68亿元。

2010年，全县实现生产总值163.1亿元，同比增长14.1%，全县利税过千万元企业40家，其中，过亿元8家，有9家企业进入全县域百强，拥有5家上市公司。2015年，实现生产总值248.7亿元，同比增长7.9%。实施了总投资226亿元的工业重点项目74个，年度投资130.7亿元，高新技术项目占78.5%。工业园区建设加快推进，编制完成了工业园区总体规划及起步区、基础设施、企业外观设计规划，园区基础设施进一步完善。科技创新和资本运作取得新成效，申报省级工程技术中心6家、省级重点实验室1家，新增省级企业技术中心2家；加快科技成果转化，申报科技计划38项，2项通过科技成果鉴定，1项达国际领先水平，全县高新技术产值占比达54.9%。沂源在山东省百强县中排名第56名，略低于周边县市水平，整体接近于全国百强县门槛水平。近年来，国家推行生态文明理念建设与"全域旅游"发展战略，沂源是全省唯一同时拥有"全国文明县城""全国绿化模范县""国家园林县城"和"山东省适宜人居环境奖"四项荣誉的县份。

3.1.3 发展历程分析与启示

从以上的历程中可以分析得到，沿着改革开放的进程一路走来，经过几十年的风雨历程和艰难曲折，沂源从传统计划经济向现代市场经济转轨。伴随着改革认识的不断深化，政府对经济体制的变革也是改革重点和方略的不断变化。这个过程从计划经济为主，市场经济为辅，到有计划的商品经济；从建立社会主义市场经济体制到完善社会主义市场经济体制；从由计划主导向市场主导的持续推进。经济体制问题得全面解决和预防后，突出沂源优势与特色，在企业发展过程中注重培养骨干力量，发展重点行业，成长了一批上市公司，为沂源的经济发展注入了强劲力量。展望未来，沂源经济发展的明天会更加灿烂。

3.2 经济发展基础

2015年，沂源实现地区生产总值248.7亿元，其中，第一产业增加值30.7亿元，第二产业增加值109.3亿元，第三产业增加值108.7亿元。三次产业比例为12.4：43.9：43.7。全县财政收入

28.2亿元，其中，公共财政预算收入18.4亿元。固定资产投资完成189.26亿元，三次产业投资结构为3.3：56.6：40.1，增速分别为9.9%、13.1%以及14.9%，第三产业投资增速不断提高，已经成为投资的重点。

3.2.1 农业发展特征

1. 山区特色农业体系初步形成

沂源县目前已初步形成林果、蔬菜、中药材、畜牧四大主导产业体系，县级以上农业标准化生产基地39处，带动农业标准化生产48万亩；农业龙头企业达到116家，其中，省级4家、县级28家。农民专业合作社765家，其中，县级以上示范合作社79家；"三品一标"产品认证94个、注册商标172个，省著名商标3个、国家驰名商标1个。

2. 农业规模化、特色化发展成效不断显现

沂源是山东省的林果大县，是全国果品生产百强县、全国绿色食品标准化生产基地县、全国优质苹果生产基地、全国有机农业示范基地县、无公害果品生产示范基地县。农民收入的70%来自林果业。全县林果面积70万亩，果品总产量12亿公斤。其中，苹果栽培面积30万亩，桃栽培面积15万亩，大樱桃栽培面积4.3万亩，葡萄栽培面积3.7万亩。

沂源是全国现代苹果产业10强县，沂源红苹果远近驰名，沂源苹果被确定为全省唯一"奥运指定果品""2010年上海世博会专用果""第十一届全运会专供果品"，入选"新中国成立60周年辉煌成就展"，并通过欧盟有机食品认证。在农业部主办

的首届中国农产品品牌大会上，"沂源苹果"以31.27亿元的品牌价值进入"中国农产品区域公用品牌百强"，列第31位，是淄博市唯一荣登该榜的农产品品牌。

沂源县的其他特色农产品也是屡获殊荣，像燕崖大樱桃被山东省农业厅认定为"山东省无公害农产品"，被国家农业部认定为"无公害农产品"；悦庄镇的消水蒜黄、悦庄韭菜等特色农产品也是远近周知，悦庄镇更是有"中国韭菜第一镇"的称号。

3. 农业品牌优势不足，市场竞争力有待提高

目前，沂源县农业产业化发展存在着"两有两无"的情况。一是加工程度不高，有种植，无增值，比如黑山羊汤远近闻名却没有一个养羊大户；二是知名度不高，市场份额较小，有质量，无市场，品牌作用依然较弱。

沂源县与全国知名的苹果生产基地如山东栖霞、陕西洛川无论在产品产量、营销方式以及产业链延伸等方面都存在着较大的差距。如，洛川已初步形成"苹果＋电商"的新兴营销方式，从事苹果营销的企业有103家，农村电商188家，企业和个人网上开店258家，登记在册的微店4500余家，而沂源则以传统的市场销售为主，品牌影响力和销售范围有限。其次存在特色农产品加工程度相对较低等问题，沂源县农业特色产品较多，拥有8个地理标志产品，全具绿色、有机认证农产品达85个，但仍以农产品生产为主，缺乏具有较大影响力的农产品深加工企业，导致农产品市场存在整合度相对较低、种植分散等问题。

3.2.2 工业发展特征

1. 工业转型升级有成效，多元化工业格局基本建立

沂源县制订了《沂源县工业精准转调行动计划》，进行化工产业转型升级和行业精准转调，意在通过重点行业、重点企业精准转调，对传统主导产业普遍改造一遍，不断优化产业结构，改善能源消费结构，提高资源节约集约利用水平，降低工业企业污染物排放，打造工业强县、生态立县。

沂源县现有工业企业1000多家，其中，规模以上工业企业153家，拥有山东药玻、瑞阳、鲁阳、华联、合力泰、瑞丰高材、鲁村煤矿、沃源纺织、绿兰莎等12家企业集团，各层次上市企业5家。近年来工业产业结构调整取得明显成效，全县形成了新医药、节能保温新材料、玻纤材料、高分子材料、新能源、装备制造、食品加工等多元化发展格局。

2. 特色工业集群初步形成，龙头企业市场竞争力强

截至目前，沂源县已初步形成医药、新材料、高分子三大产业集群。医药产业集群以山东药玻、瑞阳制药、鑫泉化工等为龙头企业，其中规模以上企业9家，2013年沂源县被确定为山东半岛蓝色经济区生物医药示范基地，从业人员达到7000余人，完成产值151.4亿元；新材料产业集群以鲁阳公司为代表，其中规模以上企业18家；高分子产业集群以瑞丰高材、国塑科技等为龙头企业，其中规模以上企业19家。

山东药玻是亚洲最大的医药玻璃包装制品生产企业，模制抗生素玻璃瓶、高档棕色瓶、丁基胶塞三大主营产品的国内市场份额占比分别达到80%、70%和25%以上。瑞阳公司是全国规

模最大的头孢类原料药生产企业之一，其主营的美洛西林钠、原料药及制剂、葛根素、瓦松栓等产品市场占有率均为全国第一。鲁阳公司是世界第二的陶瓷纤维生产企业，其生产的硅酸铝耐火纤维系列产品，国内市场占有率达到40%。

3. 产业集聚规模不断壮大，自主创新能力逐步增强

企业园区化程度与产业集聚度比较高。目前健康医药、新材料两大产业集群优势进一步显现。两大产业实现销售收入246.9亿元、利税47.3亿元，同比分别增长10%、11.3%，分别占规模以上企业的46.9%和47.8%。2013年上半年，预计规模以上工业企业完成产值同比增长5.1%，实现销售收入、利税、利润同比分别增长5.2%、5.4%和6.5%。随着两大产业集群规模的不断壮大以及"退镇入园、退城入园"实施以来，县70%工业企业集中在经济开发区，逐渐形成了7条产业链，拥有药用玻璃瓶、头孢原料药、陶瓷纤维保温材料、玄武岩岩棉、各类PVC助剂及型材、板材等市场占有率较高的主导产品。

沂源县工业企业自主创新能力不断提升。培育了高新技术企业19家，其中，国家级火炬计划重点高新技术企业4家，高新技术产业产值占规模以上工业总产值的54.8%。拥有国家级企业技术中心2家，博士后科研工作站5家，国家级重点实验室1家；设立了8家院士工作站、9家省级工程技术研究中心、11家省级企业技术研究中心。

3.2.3 服务业发展特征

1. 现代服务业发展迅速

沂源县现代服务业发展迅速，对经济增长的拉动效应不断

增强。根据三次产业对经济增长贡献情况的分析，全县服务业增加值年均增长9%以上，较GDP增速高0.9个百分点；服务业增加值占生产总值的43.4%，比2010年提高6个百分点，年均提高1.2个百分点。第三产业增量在经济增量中的比重呈逐年上涨态势。批发和零售、餐饮业，房地产业以及教育医疗等非营利性服务业对经济增长起着实际的拉动作用。

从数据之外看，沂源县近年来特色化发展以及城镇化的推动是服务业增长的重要原因。第三产业在增加经济规模的同时，还对扩大就业起到积极的作用。根据沂源县统计年鉴数据显示，第三产业的从业人员由2010年的8.7万人增长到2015年的11.1万人，年均增速5%；截至2015年，沂源县三产从业人员数已超过二产从业人员数。沂源县服务业的发展对满足就业起到重要的作用。

2. 全域旅游发展进程加快

2008—2015年，沂源县接待旅游人次年均增速达8.3%。2015年沂源县接待旅游人次289.6万人，旅游收入14.5亿元，接待旅游人次为淄博市全年接待人次的6.45%，旅游收入占淄博市的3.28%。近年来沂源县旅游业发展迅速，基础配套设施完善，现拥有星级酒店4家，旅行社4家，星级餐馆8家，绿色饭店5家，旅游购物场所20多个，发展农家乐100多户。自2016年以来，沂源县大力推进"5+4"重点旅游项目建设进程，确定了鲁山景区、牛郎织女景区、天湖旅游度假区、九顶莲花山景区、凤凰山景区5个重点景区和洋三峪、双马山、双泉、神农药谷4个乡村旅游点，启动了总投资27亿元的第二批20个文化旅游重点项目，全县29个重点旅游项目建设成为全域旅游创建工作的重要支撑。

3.3 人口与城镇化

3.3.1 人口基本情况

依据沂源县公安局提供人口资料显示，2005年沂源县全县户籍人口为55.7万人，2015年全县户籍人口年56.8万人，10年间共增长1.1万人，年平均增长率为2‰。总体来看，沂源县人口增长速度缓慢。

3.3.2 人口结构特征

1. 年龄结构：人口老龄化态势加快

根据第六次人口普查资料，沂源人口年龄结构中，0—14岁人口比重为15.41%；65岁及以上人口比重为9.97%；老少比（65岁及以上与0—14岁人口的比例）为1.55。年龄中位数为40岁。与第五次人口普查相比，0—14岁人口比重下降了6.07个百分点；65岁及以上人口的比重为7.53%，上升了2.44个百分点。按照联合国的标准，65岁以上老人占总人口的7%则表明该地区进入老龄化社会（见图3.1）。由此可以看出沂源已经进入并处在加速老龄化阶段。

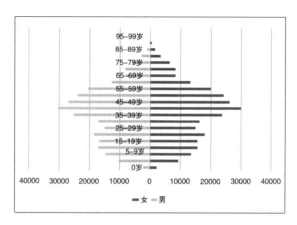

图 3.1　沂源县第六次人口普查年龄结构金字塔

2. 性别结构：相对均衡稳定

沂源人口性别结构相对稳定。2010年沂源总人口性别比（以女性为100，男性对女性的比例）由2000年的102.11变化为100.64，呈现出比较均衡的发展趋势。

3. 受教育程度：文化素质全面提升

沂源全县人口受教育程度有明显上升。根据第六次全国人口普查数据显示，每十万人口中大专及以上学历人口的比重达到6.38%，较之10年前有明显上升。同期，全社会文盲率也由2000年的12.95%下降到了2.6%。人口素质的全面提升为沂源县推进社会发展、产业升级打下了良好的基础。

3.3.3 人口空间分布

1. 人口规模东高西低，南高北低

根据公安局提供的2015年沂源县全域各村人口资料显示，

沂源县人口主要集中在县城及其周边、各镇镇区以及主要交通沿线。从现状来看，集中在县城以北地区，包括南鲁山镇、鲁村镇以及悦庄北部地区（见图3.2）。

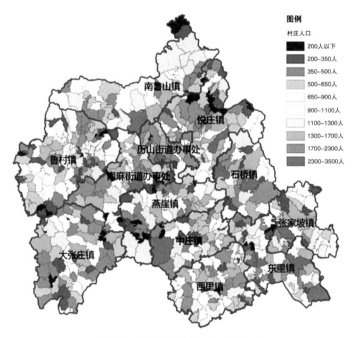

图 3.2　沂源县人口数量空间分布

2. 人口向县城单一集聚

根据户籍人口、就业人口、六普人口及三经普从业人口等资料分析显示，沂源县城集聚人口占全县的比重至少在30%以上，其他大部分乡镇镇域人口没有明显增长（见表3.1）。

表3.1　沂源县各部门人口统计

资料来源	数据类型	中心城区人口	占全县比重
公安局资料（户籍）	历山街道、南麻街道、悦庄镇域	180508	31.2%
供热资料	实用用户	225069	39.6%
统计年鉴二三产就业人数	历山街道、南麻街道、悦庄镇域	230847	40.6%
六普人口	历山街道、南麻街道、悦庄镇域	186319	32.8%
三经普从业	历山街道、南麻街道、悦庄镇域	172221	30.3%

3.3.4 城镇化发展特征

1. 城镇人口增长以本地农村居民进城为主体

近年来，随着村村通公路的修建，城乡内部交通得到极大改善，80%以上农村进入沂源县城交通耗时在30—40分钟，农村机动化水平的普遍提升大大降低了农民进城的时间成本。同时，伴随着农民收入水平的不断增长，对于改善居住条件和享受优质公共服务的需求意愿不断增强，进城购房逐渐成为普遍现象。

2. 人口向城镇集聚呈现就业与服务双轮驱动态势

一方面，城镇带来的就业机会是吸引人口向城镇集聚的重要动力。沂源县城非农就业人口占全县非农就业人口的比重由2012年的46%上升到2015年的57%，增长了11个百分点。

另一方面，较好的教育、医疗等公共服务也在吸引本地农民进城居住。据统计资料显示，沂源将近1/3的外围乡镇中小学生在县城就学。2015年县城（含悦庄镇）中小学在校学生数占全县的55%，县城医院的就诊人数占全县的54%。

第4章 发展目标与城市性质与策略

4.1 战略定位

沂源处于转型发展的关键时期，所在的鲁中山区生态价值全面显现，交通区位整体提升。但是工业、农业与旅游发展的弱、小、散，以及区域发展边缘化等内外困境，决定了沂源的发展必须以生态为引领，发挥工业、农业、旅游的组合优势，创新特色化发展路径，融入区域发展；以慢生活城市建设为导向，放大生态文化效应，彰显"美丽沂源、山水城市"品牌形象；以城乡基本公共服务均等化和做大做强县城为抓手，推进新型城镇化，加快实现城乡一体化，将沂源建设成为鲁中生态先行典范、现代化山水花园城市。

4.2 城市性质

4.2.1 历次总体规划城市性质

1982版城市总体规划中确定沂源的城市性质为：南麻镇以农副产品加工为主导的工业县城。2001版城市总体规划中确定沂源的城市性质为：山水生态城市，全县政治、经济、文化和流通中心；以医药、药用玻璃制造为主的全国性医药包装基地；全县高新技术产业应用服务中心；鲁中南果菜集散中心之一。2012版城市总体规划确定沂源的城市性质为：北方山水特色突出的山水生态城市；济青高速公路南线重要节点城市；鲁中现代高新产业和服务业基地。

《淄博市城市总体规划（2011—2020年）》确定沂源的城市性质为以农副产品加工、集散、医药及包装材料制造、旅游资源开发为主的山水生态城镇。

从1982年历版城市总体规划对沂源的定位来看，依托生态资源，打造山水城市已经成为沂源发展的总体思路，以高新技术工业为主特色、农业为辅的经济发展格局也逐渐明确，旅游商贸等现代服务产业的地位也在不断显化。上版规划中对沂源城市性质的描述，在经过多次论证之后较为清晰、准确，本次规划延续了对于城市性质的基本认识。

4.2.2 本次规划确定的城市性质

本次规划确定沂源的城市性质：鲁中生态经济示范区、淄博南部交通枢纽、富于沂蒙地域特色的山水生态旅游城市。

1. 鲁中生态经济示范区

沂源作为"鲁中绿心""沂河源头"更应坚持走绿色工业、绿色农业、绿色服务业协调发展的路径，实现绿色城镇、绿色乡村的协调发展，以生态保护为前提，以经济崛起为核心，以绿色化发展为路径，实现最小环境代价、最合理资源消耗、最大社会经济效益有机统一的发展。

2. 淄博南部交通枢纽

2012年版总规中对于沂源与周边城市的关系以及区域地位方面的认识是"济青高速公路南线重要节点城市"。其核心思路是，依托济青南线的建成开通，沂源将成为服务区域的重要物流交通节点。但从现状来看，沂源作为物流节点的功能还未显现，规划建设的物流园也没有动工，由此可见，2012年版总规基于当时时代背景对沂源区域地位的认识尚不全面。本次规划提出沂源是"淄博南部门户"，旨在从现实出发，结合沂源实际现状，明确沂源的区域职能，为沂源发展找准定位。沂源地处鲁中腹地、沂蒙山区，为淄博、泰安、莱芜、临沂、潍坊五市结合部，周边城市的辐射能力都有限，而且存在同质竞争的趋势。但沂源在淄博市内的生态地位是独一无二的，应发挥沂源的独特优势，在淄博市内找准定位，积极融入淄博市新"四位一体，组群统筹，全域融合"的发展新格局。

3. 富于沂蒙地域特色的山水生态旅游城市

本次规划在2012年版总规提出的定位上更加强调了旅游和地方特色的重要性。沂源作为山东首批入选"全域旅游示范区"，发展特色旅游是今后沂源发展的重要议题。

4.3 城市职能

总的来看，沂源处于转型发展的关键时期，所在的鲁中山区生态价值全面显现，交通区位整体提升。但是工业、农业与旅游发展的弱、小、散以及区域发展边缘化等内外困境，决定了沂源的发展必须以生态为引领，发挥工业、农业、旅游的组合优势，创新特色化发展路径，融入区域发展。因此，我们判断沂源的城市职能是：

- 沂源县政治、经济、文化中心；
- 国家级重点生态功能区、国家全域旅游示范区；
- 淄博南部生态经济示范区、现代高新技术产业及现代服务业聚集区；
- 淄博南部的交通枢纽城市。

4.4 指标体系

基于沂源县发展实际情况，结合国内外关于现代化城市以及小康社会的一系列指标标准与要求，以及沂源县自身发展的目标要求，在经济发展、社会进步、人民生活和资源环境等方面提出量化基本指标（见表4.1）。

表 4.1　沂源县城市发展指标一览

	指标	单位	2016年	2025年	2035年
创新发展	地区生产总值	亿元	265.8	450	700
	人均地区生产总值	元	46667	75000	110000
	三次产业结构		12：43：45	10：44：46	8：44：48
	高新技术产业产值占规模以上工业总产值比重	%	56.2	60	65
	科学技术支出占地区生产总值比重	%	0.11	0.5	1
协调发展	居民人均可支配收入	元	22985	50000	80000
	城乡基本养老保险覆盖率	%	82	85	
	城乡基本医疗保险覆盖率	%	99	99.8	100
	城镇登记失业率	%	3	2.5	<2
	常住人口规模	万人	57	59	62
	城镇化率	%	48.64	60	70

（续表）

	指标	单位	2016年	2025年	2035年
共享发展	每千人拥有职业医师数	人	2.61	10	40
	婴儿死亡率	‰	3.68	<3	<3
	高等教育毛入学率	%	——	45	>50
	高中阶段教育毛入学率	%	96	98	99
	幼儿园毛入园率	%		90	>90
	常住人口平均期望寿命	岁	79.48	80	85
绿色发展	万元GDP能耗累计降低	%	——	>12	>8
	主要污染物排放总量		——	降低17%以上	降低20%以上
	城乡生活垃圾无害化处理率	%	100	100	100
	城镇污水集中处理率	%	97	100	100
	中水回用率	%	0	30	30
	森林覆盖率	%	57.9	62	70
	人均公园绿地面积	㎡	23.2	25	25

4.5 发展策略

4.5.1 融入区域

沂源在区域性基础设施等方面具备联动济南都市圈、鲁中山区以及青岛都市圈的条件。同时，在自身产业发展上已经形成了特色化工业产业集群以及在生态环境、自然景观等方面有别于周边地区的比较优势。因此，在新一轮的区域空间结构调整中，应当充分发挥自身优势，全面提升，融入区域发展。

策略一：提升沂源区域节点地位，着力打造成为连接济南都市圈—鲁中山区—青岛都市区的重要纽带。大力发展医药、新材料、高分子3个产业集群，物流服务节点、鲁中文化旅游休闲圣地，山区有机农业、山区林果产业基地。以此作为融入山东全省新发展格局的切入点和突破口，着力培育壮大一批链条长、关联度高、带动效应大的现代特色农业，特色工业产业，全力构建现代绿色经济产业体系。

策略二：进一步增强沂源在区域中的商贸中心职能。合理组织、农资产品和综合商贸等流通产业空间，充分发挥沂源物资集散能力。

策略三：发挥沂源山水及文化资源、休闲农业优势，对接周边地区，大力发展旅游及相关产业。优化县城以及重要旅游片区与周边县市的交通联络水平，加强基础设施建设，增强旅游接待能力，发展多样化的特色旅游产业。

4.5.2 产业多元

坚持以结构转型与特色创新为主，提升推进产业发展，走可持续、绿色环保的特色化产业发展道路。完善第一、二、三产业间的协调发展与合理配置，注重产业间的联动与整合，提升产业集聚的发展水平，积极促进优势产业转移、延伸与升级，增强整体竞争力。

策略一：抓住济南都市圈区发展契机，落实淄博市"四位一体、组群统筹、全域融合"的发展思路，以转方式、调结构为主线。坚持以高新技术产业为先导，突出已有产业集群优势，构建可持续的现代工业体系。全面提升沂源工业区域经济核心竞争力。

策略二：充分发挥沂源的区位优势，打造区域内重要的商贸物流、旅游、服务节点。重点推动旅游产业的发展。充分挖掘沂源现有的旅游资源并加以整合，打造精品旅游景区、旅游路线。振兴沂源"沂蒙革命老区"的红色文化，着力抓好红色文化发扬与传承工作。

策略三：实施农业结构战略性调整，加快推进农业现代化、产业化，全面改善农村生产生活条件，不断提高农民收入。做强、做大、做精沂源特色林果，山区特色农产品产业，推进有机农产品基地建设，建设农旅结合的休闲农业园区，重点扶持农业龙头企业。

4.5.3 社会融合

策略一：坚持教育优先发展。完善城乡基础教育设施建设，结合城乡统筹发展态势，引导教育资源合理配置。大力发展职业技术教育，增强对本地产业集群的支撑能力。

策略二：建立健全覆盖城乡居民的基本医疗卫生、疾病防控体系。加快农村医疗服务设施体系建设，加强城乡医疗保障体。

策略三：健全完善城乡社会保障体系。以社会保险、社会救助、社会福利为基础，以基本养老、基本医疗、最低生活保障制度为重点，加快完善社会保障体系。

策略四：构建覆盖城乡的公共文化服务体系。加强图书馆、博物馆、文化馆等公共文化服务机构建设。完善公共文化服务网络，大力发展文化事业和文化产业，积极发展体育事业和体育产业。

4.5.4 发展生态

策略一：坚持可持续发展原则。在加大生态环境建设力度的同时，必须坚持保护优先、预防为主、防治结合，彻底扭转一些地区边建设边破坏的被动局面。制定区域绿地与重要景观地区管制规划，划定不可建设用地的范围，对于敏感区与较敏感区的建设应严格控制。

策略二：从区域角度出发，坚持自然资源的保护与合理开发利用相协调，污染防治与生态环境保护并重。坚持淘汰高能耗、高污染型产业，积极推动企业开展清洁生产。建设资源节约型、环境友好型社会，实现生态环境的整体优化。

策略三：制定必要的环境分区及控制指标和准入条件，对城镇地区的产业经济发展提出环境控制要求。有效防止工业化、城镇化所导致的地域景观特征的破坏和生态环境质量的下降。正确处理好生态资源保护与产业开发、城镇建设的关系。在水源保护地区、地质灾害易发地区以及生态敏感地区，明确生态容量，控制建设规模

策略四：加强与周边城市或地区在区域生态环境保护、流域资源保护与利用等方面的协调，有效保护具有区域性功能的生态资源、合理利用水资源，防止生态资源的无限度开发、防止上游水体环境对下游的污染。

4.5.5 特色旅游

树立"+旅游"发展理念，以"全旅游、大产业、精品化"的视野观，以"农业+旅游、工业+旅游、文化+旅游、服务业+旅游、康疗养生+旅游、健身休闲+旅游、研学修学+旅游、新型城镇化+旅游、基础设施+旅游、互联网+旅游"为抓手，充分发挥旅游产业无边界的特性，优化提升旅游业基本要素水平，

大力推进产业融合与资源整合，不断拓展旅游发展新领域，发挥乘数效应，做大做强以旅游业为引领的复合式产业经济，创新"农业围绕旅游提升、工业支撑旅游做强、服务围绕旅游升级、文化联姻旅游做大、医养凸显旅游特色、体育融入旅游做旺、教育融合研学拓展、城镇结合旅游做靓、基建依托旅游做活、信息改变旅游方式"的产业融合模式，用产业融合发展思想把旅游业建成沂源的战略性支柱产业。

第 5 章　县域统筹规划

5.1 城镇化发展战略

总体发展策略应按照以人为本、三化联动，推进具有沂源特色的城镇化发展模式。以工业规模化为先导，以农业现代化为基础，以旅游特色化为支撑，有效增强城镇化承载能力。坚持城乡发展一体化，尊重沂源城乡资源差异，以城乡基本公共服务、发展机会双重"均等化"为导向，坚持因地制宜、特色差异化发展，实施"县城引领、三化联动、全域统筹"的城镇化推进策略，建设特色鲜明的县城，提升人口、产业承载能力；引导小城镇特色化发展，完善公共服务设施；建设美丽乡村，推进农业现代化发展。整体上形成以人为本、布局优化、城乡一体的新型城镇化发展格局。

具体来说，"县城引领"即以县城的扩容提质为核心，协同工业园区、悦庄镇区和天湖片区的发展，打造大县城。形成工业集聚与创新发展中心、城乡统筹与综合服务中心、旅游服务与特色展示中心三个特色中心，引领全域发展。

"三化联动"即以县城城镇化为抓手，强化中心服务能力提升与工业化建设，以服务促进农业与旅游等特色产业发展。靠特色富民，靠工业强县，实现工农互助、城乡互动、工业和农业共同繁荣、城市和农村协调发展。

"全域统筹"即以全域旅游为目标，构筑县域特色化发展格局，打造美丽沂源。以特色小城镇和特色发展片区的建设为支点，促进主要廊道地区的设施建设和产业优化，统筹全域产业发展，形成"一心、三廊、四片、多节点"的县域空间结构（见图5.1）。

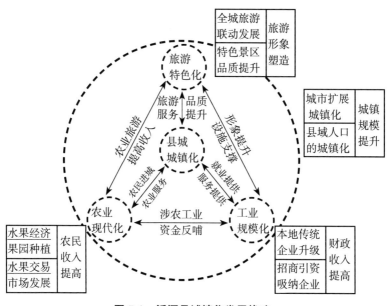

图 5.1 沂源县城镇化发展战略

5.2 人口与城镇化水平预测

5.2.1 县域总人口预测

县域总人口增长相对平稳。依据沂源县公安局提供人口资料显示，2015年沂源县域户籍总人口为56.8万人，较2012年实际仅增加4844人。

外来人口总量不大，人口流动以县内流动为主（见图5.2）。2015年沂源县暂住人口为3618人，2012年暂住人口为28977（县内+县外），估算县外暂住人口占比约为7%左右（见图5.3、表5.1）。

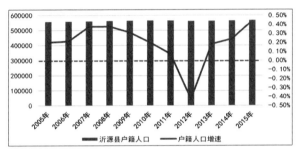

图 5.2　2005—2015 年沂源县户籍人口变化情况

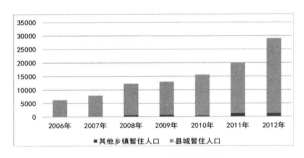

图 5.3　2006—2012 年沂源县暂住人口分布

1. 综合增长预测法

人口综合增长率预测公式为：$Y = Y_0 (1+X)^N$

其中，Y——预测期常住人口；Y_0——基期常住人口；X——从基期到预测期年均人口增长率；N——从基期到预测期年数。

表 5.1　市域常住人口综合增长率法预测结果

	2016年（万人）	年均增长率（‰）	2025年（万人）	年均增长率（‰）	2035年（万人）
低增长	56.6	7	60.26	3	62.01
高增长	56.6	11	62.45	5	65.65

2. 回归分析法

采用2000—2016年的市域常住人口序列，运用多种方法拟合人口增长趋势（见图5.4、表5.2）。

一元线性回归预测：$Y=2340.514X-4145665.215$，$R^2=0.834$

其中，Y——预测常住人口数；X——年份；R^2——拟合优度。

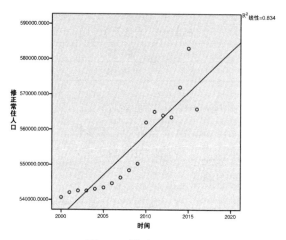

图 5.4　模型拟合曲线

表5.2　市域常住人口回归分析法预测结果

模型	2016年（万人）	2025年（万人）	2035年（万人）
线性	56.6	57.28	58.62
对数	56.6	57.27	58.60

3. 经济相关分析法

根据国家长期经济增长水平预测结果，假设2016年年均增长率低增长6.5%，高增长6.7%；2035年年均增长率低增长5.3%，高增长5.5%。沂源近几年经济增速在淄博属于加快地区（2016年GDP名义增速高达11%），结合沂源经济当前增长情况及发展前景，假定近期高于国家增长水平1.5个百分点，中期高于0.8个百分点。故沂源长期经济增长水平为：2016年年均增长率低增长8%，高增长8.2%；2035年年均增长率低增长6.1%，高增长6.3%（见表5.3）。

表5.3　沂源长期 GDP 预测情况

	2017年GDP（亿元）	年均增长率（%）	2025年GDP（亿元）	年均增长率（%）	2035年GDP（亿元）
低增长	295.22	8	546.43	6.1	987.85
高增长	295.22	8.2	554.58	6.3	1021.64

采用2000—2016年的GDP和市域常住人口序列，运用多种方法拟合二者关系（见图5.5—图5.6、表5.4）。

二次模型回归拟合：$Y=10756.443(\ln X)^2-280352.58\ln X+2367091.67$，$R^2=0.884$

三次模型回归拟合：$Y=502.836(\ln X)^3-9826.344(\ln X)^2+1096462.066$，$R^2=0.885$

其中，Y——预测常住人口数，X——GDP，R^2——拟合优度。

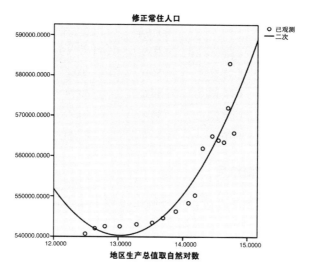

图 5.5　二次方程拟合曲线

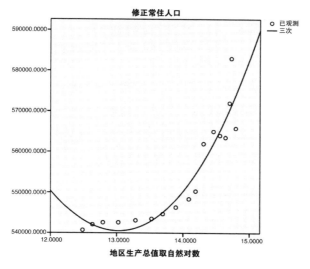

图 5.6　三次方程拟合曲线

表5.4　市域常住人口回归分析法预测结果

		2016年 （万人）	2025年 （万人）	2035年 （万人）
二次	低增长	56.6	60.66	64.19
	高增长	56.6	60.74	64.42
三次	低增长	56.6	60.90	64.83
	高增长	56.6	61.00	65.08

4. 综合预测结果

综合上述预测方法，最终确定市域常住人口预测结论如表5.5所示。

表5.5　市域常住人口预测结论

	2016年 （万人）	年均增长率 （‰）	2025年 （万人）	年均增长率 （‰）	2035年 （万人）
低情景	56.6	11	57.3	8	58.6
中情景	56.6	13	60.0	10	62.2
高情景	56.6	15	62.5	12	65.7

根据沂源人口的发展趋势，二胎政策导致的自然增长率快速提升，三、四线城市人口回流，旅游及养生人口的需要等因素，人口取偏高值，预测到2025年沂源市域常住人口将达62万人，2035年沂源市域常住人口将达65万人。

5.2.2 城镇化水平预测

1. 平均增长法

2013—2016年城镇化率年均增长2.15个百分点，城镇化率增长稳定，2016年达48.64%，城镇化进入缓慢增长期（见表5.6）。

表5.6 市域城镇化率城镇化率平均增长法预测结果

	2016年	年均增长（%）	2025年	年均增长（%）	2035年
城镇化率（%）	48.64	2.0—2.5	58.1—60.7	1.5—2.0	67.5—70.9

2. 联合国法

使用联合国法，依据沂源县第五次与第六次人口普查数据，预测未来沂源县城镇化水平（见表5.7），公式如下。

$$URGD = \ln\left(\frac{\frac{PU(2)}{1-PU(2)}}{\frac{PU(1)}{1-PU(1)}}\right)\bigg/ n$$

式中：URGD——城市人口增长率的差；2013年城镇化率为42.2%，2016年城镇化率为48.64%，URGD计算结果为0.0867。

表5.7 市域城镇化率联合国法预测结果

	2016年	2025年	2035年
城镇化率（%）	48.64	67.39	83.11

3. 城镇化综合预测结果

综合上述预测方法，最终确定市域城镇化水平预测结论如表5.8所示。

表5.8 市域城镇化水平预测结论

	2016年	2025年	2035年
城镇化率（%）	48.64	60.00	70.00

5.3 县域城镇体系规划

5.3.1 县域空间结构

结合全县城镇化发展战略,以强化区域竞争力,增强城镇化承载力,坚持特色与品质开发为原则,形成"一心、三廊、四片、多节点"的县域发展空间框架,以支撑全县城乡统筹发展,形成城乡一体化发展格局。

"一心":为规划期内重点建设的县城。县城将作为县域产业发展的核心区,积极对接淄博及周边城市,构建面向区域的重要服务节点。进一步扩容提质,强化城市集聚与承载能力。加强品质建设,加强水系及山体整治,重视城市风貌营造,建设鲁中山水花园城市。

"三廊":分别为一条串联县域主要旅游资源片区的旅游发展廊道以及两条带动县域城镇和产业的特色发展廊道。

(1)旅游发展廊道。规划建设南北向沿沂河的旅游主要廊道,建设沿河景观带以及慢行系统,串联三个主要旅游片区。坚持特色引导,优化鲁山风景区、牛郎织女景区以及九顶莲花山等核心景区开发。构建以依托县城服务能力为核心,东里镇为副核心的城镇公共服务及旅游服务体系,挖潜特色、历史村落旅游价值,培育特色村。积极发展林果、畜牧等山区特色农业,提升山区农村收入水平。

(2)特色发展廊道。坚持工农互促,以高品质林果种植以及食品加工等现代农业为先导,推进农业现代化、产业化。积极发展工业园区,坚持高建设标准,高产业准入门槛,不断推进"退镇入园、退城入园"以支撑沂源现代工业产业发展新格局。以基本公共服务设施均等化为目标,加快小城镇建设,引导人口向县城以及中心镇集中,全面提升城乡公共服务供给能力和供给水平(见图5.7)。

"四片":分别为以鲁山溶洞为核心的特色片区,以牛郎织女景区为核心的特色片区,以唐山景区为核心的特色片区以及以阳三峪等乡村为核心的特色片区。

鲁山溶洞特色片区。该片区将联合博山,共筑大鲁山生态旅游区。通过提升省道S236(博沂路)、省道S237、县道X007以及乡道Y015等公路的设施配套和景观风貌,打造大鲁山旅游环线;整合鲁山森林公园、溶洞风景区、美丽乡村等资源,塑造差异化旅游产品;增加旅游服务配套设施,优化服务水平。

牛郎织女特色片区。规划重点培育牛郎织女景区,结合周边旅游项目的开发,构筑燕山路、南崔线、县道X031与县道X034的旅游环线,串联牛郎织女景区、双马山、翠屏山等重要节点打造沂源特色旅游区。

唐山景区特色片区。依托天上王城景区,通过旅游环线的建设,带动东少林、东安古城等人文资源景区的发展。

阳三峪特色片区。利用丰富的生态农业,人文资源以及地理区位,大力发展以休闲农业为主的特色旅游。以打造特色小镇为主要抓手,推进沂源县全域旅游建设。

"多节点":培育中的特色小镇、美丽乡村、特色景区。

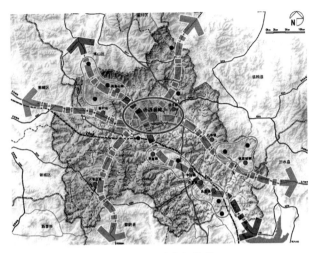

图 5.7　县域空间结构

5.3.2 县域城镇体系

　　规划期末，全县形成中心城区、中心镇、一般镇3个等级的城镇等级结构。其中，一级城镇为县城；二级城镇4个，即悦庄镇、东里镇、鲁村镇及南鲁山镇；三级城镇6个，即大张庄镇、石桥镇、西里镇、燕崖镇、张家坡镇、中庄镇（见表5.9）。

表 5.9　城镇等级划分

等级	数量（个）	名称
一级	1	中心城区
二级	4	悦庄镇、东里镇、鲁村镇、南鲁山镇
三级	6	大张庄镇、石桥镇、西里镇、燕崖镇、张家坡镇、中庄镇

1. 城镇规模结构

　　规划期末，县城人口规模控制在5万以上；悦庄镇与东里镇

2个中心镇人口规模控制在3万—5万之间；鲁村镇与南鲁山2个中心镇人口规模控制在1万—3万之间；一般镇人口规模控制在1万以下（见表5.10）。

表5.10 规划期末城镇规模等级结构

规模（万人）	数量（个）	名称
5万以上	1	中心城区
3万—5万	2	东里镇、悦庄镇
1万—3万	2	鲁村镇、南鲁山镇
1万以下	6	大张庄镇、石桥镇、西里镇、燕崖镇、张家坡镇、中庄镇

2. 城镇职能结构

规划期末，将全县1个县城与10个乡镇的职能分别规划为综合型、旅游型、农旅型、农贸型以及工贸型5种。其中，综合型城镇3个，即县城、悦庄镇以及东里镇；旅游型城镇2个，即鲁村镇、南鲁山镇；农旅型城3个，即燕崖镇、中庄镇、张家坡镇；农贸型城镇2个，即西里镇与大张庄镇；工贸型城镇1个，即石桥镇（见表5.11）。

表5.11 城镇职能类型

职能类型	城镇名称	数量（个）
综合型	中心城区	1
综合型	悦庄镇、东里镇	2
旅游型	南鲁山镇、鲁村镇	2
农旅型	燕崖镇、中庄镇、张家坡镇	3
农贸型	西里镇、大张庄镇	2
工贸型	石桥镇	1

3. 城镇功能发展指引

依据以县城为主体，以各镇区为载体推进基本公共服务均等化，突出镇区专业功能建设与极化，引领各镇特色化发展，打造特色小城镇的总体原则，对沂源县各镇职能进行划分。

中心城区即县城是全县的行政中心，以先进制造、高新技术产业为主的产业聚集区，是商贸流通、旅游服务中心，是科技培训与文化交流中心。

悦庄镇是淄博市县级示范中心镇，高新技术开发区所在地。未来将积极配合县城扩容提质建设，成为农、工、贸全面发展的综合型沂源县城近郊组团。

东里镇是沂源县的南部门户，未来将依托良好的区位以及生态优势发展成为以生态旅游、生态农业、优质服务业为主的综合型特色城镇，服务沂源东南部村镇的重要节点。

鲁村镇未来将依托镇域内的特色养殖以及食品加工业，结合"北周村南鲁村"的传统商贸氛围，打造成为沂源西部重要的工贸型城镇。

南鲁山镇应充分利用镇域内鲁山、溶洞群、凤凰山景区、云水谣景区等丰富的自然、人文资源，联合博山南部优质旅游资源以及美丽乡村建设，逐步建设成为沂源北部特色旅游型城镇。

燕崖镇是"牛郎织女"爱情文化的发源地，燕崖樱桃远近驰名，并且拥有像双泉村、双马山等特色原生态村落。未来应充分利用这些特色资源，打造成为以爱情文化、特色观光休闲农业为主的农旅结合型城镇。

中庄镇将继续提升"中庄苹果"品牌价值，大力发展相关产业。扶持以翠屏山民俗生态旅游为代表的乡镇旅游产业，发展成为特色农旅型城镇。

张家坡镇将借助区位优势、特色农产品以及特色民宿文化，大力发展以阳三峪为主的特色休闲农业，打造特色农旅型城镇。

西里镇将成为以发展特色林果产品、特色食品加工以及特色养殖业为主的农贸型城镇。

大张庄镇将打造为以特色农产品和畜牧养殖为主，农副产品加工、生态观光旅游为辅的农贸型城镇。

石桥镇将依托石龙工业园与圣佛山景区，打造以特色工业为主导，生态旅游为辅的工贸型城镇。

4. 乡村发展指引

（1）现状特征

全县638个村、社区，其中人口在200人以下的村有46个，人口在200—600人的村有268个，人口在600—1000人以下的村共有152个，人口在1000—2000人以下的村共有148个，人口在2000人以上的村共有24个。

村庄产业以传统农业为主。沂源农林经济还处于传统农业发展阶段，虽然对农民增收贡献较大，但村庄产业发展与县城的联动不足，县村发展分割是当前山区县村庄发展的核心问题。总体处于传统农业阶段，规模化、组织化、商品化程度低。同时，县域工业化的发展与村庄产业尚未形成紧密的联动关系。

　　村庄人口老龄化现象严重，留守儿童问题突出。农村人口老龄化、劳动力外出带来的留守儿童等人口家庭问题也是沂源县域发展面临的主要问题之一（见表5.12）。大量年轻劳动力外出务工以及农村社会保障体系建设的滞后，使得农村老年人口生活无法保障，同时也带来了留守儿童问题。与此同时，农村留守劳动力素质相对较低，对现代农业发展、对村庄集体事业开展也极为不利。

表 5.12　　沂源县现状村庄规模

单位名称	200人以下	200—600人	600—1000人	1000—2000人	2000人以上	合计
历山街道	1	5	0	6	3	15
南麻街道	4	21	10	12	4	51
大张庄镇	6	33	13	10	1	63
东里镇	3	26	18	12	5	64
开发区	0	2	2	8	0	12
鲁村镇	10	40	30	17	1	98
石桥镇	0	9	8	9	3	29
南鲁山镇	3	19	10	13	1	46
西里镇	2	20	24	10	3	59
燕崖镇	7	19	9	11	0	46
悦庄镇	8	31	13	23	1	76
张家坡镇	0	17	6	10	1	34
中庄镇	2	26	9	7	1	45
合计	46	268	152	148	24	638

　　（2）乡村空间发展指引

　　统筹综合考虑村庄发展区位条件和未来发展前景，人口迁移与城镇化发展模式，生态保护与特色化发展路径，现状规模与公共服务设施情况，旅游资源与基础设施水平以及城市发展对村庄的控制与保护要求，结合现实发展基础、县域城乡聚落体系发展设想，将县域内村、居委会分为四种政策类型，分别实施不同的空间发展政策。

城镇优化型地区

包括县城，其他建制镇区及周边联系紧密的乡村地区。这类地区具有较好的区位条件，未来作为城市和镇区发展的潜力大，是沂源县未来城市和镇新兴职能的重要空间载体，也是规划期内城市和镇建设用地空间拓展的重点地区。促进这些地区的农村，未来按照城市或镇的形态进行改造，促进这些地区快速发展以支撑未来城市空间结构的形成。

城镇优化型村庄地区的空间发展以强化规划建设管理、强化村庄改造为重点。实施严格的城市规划、建设管理，按照城市规划的布局要求，依据生态园林城市相关建设标准，有序推动区内村庄改造和城市型服务、市政设施建设。采取新社区建设、城中村改造等多种形式进行整治，对总规规划城市建设用地内村庄，逐步采取"村改居"等方式，按规划要求实施城市化改造。严格按照规划和环保要求，监管新增职能类型，强化环境保护与品质建设，禁止与区域发展目标不一致、浪费资源、污染环境的开发建设行为。

鼓励发展型地区

中心村：中心村是指具有一定人口规模和较为齐全的公共设施的农村居民点，能达到支撑最基本的生活服务设施所要求的最小规模的聚落。从规划角度看，中心村是沂源县美丽乡村建设的主要选择和建设对象。中心村为乡村基本服务单元，主要建设任务是完善基本乡村公共服务及支农服务功能，重点进行美丽乡村建设。中心村确定的具体条件为村庄现状规模在1000人以上、毗邻县级以上公路、具有一定面积的开阔用地、服务带动作用较强。

中心村空间发展以强化投入、设施完善、服务拓展为重点。按照"县域公益性公共设施配置要求"加强幼儿园、小学（教学点）、卫生室（所）、文化室、运动场等公共服务设施配置，服务于本村及邻近村庄居民；遵照相关规划要求，合理提供宅基地，引导周边村庄居民向中心村集中。按照"科学规划、合理布局、节约用地、保护耕地"的原则，统筹安排、建设好农户的种植业、养殖业、加工业及公益福利事业等设施，引导农业生产资源整合，推动农业规模化经营，促进农村经济不断增长，并与社会事业同步发展。

特色村落：这些村庄是服务于全域村庄发展、推进城乡基本公共服务均等化的重要节点，也是沂源彰显乡村特色、提升乡村风貌，推进全域旅游的重要空间载体。

特色村庄应重点加强对乡土文化、历史文化、周边环境要素、环境氛围的保护，建设具有浓郁地域文化和景观特色村庄；完善相应服务设施，提高服务水平，提升乡村景观风貌水平，发展面向县域的特色服务职能。对于各类保护区中特色村，应按照相关保护要求，逐步引导村民向城市转移，降低生态保护压力。

生态控制型

包括位于风景名胜区、国有林场、水库核心范围以及有生态型旅游资源的村庄；位于县城周边的具有生态特色、生态功能的村庄也应划入此类范围。此类村庄应以自然生态保护为原则进行适度发展。

空间发展以引导居民外迁、恢复生态保育为重点。严格控制村庄原址的宅基地建设，积极采取"安居工程"等措施，引导居民向城区、周边镇区和中心村集中。加强生态保护，严控与保护内容无关的项目建设，推进村庄土地资源盘整，恢复生态、农业用地，保育生态环境。

保留引导型

其范围为上述三类地区以外的其他村庄地区。原则上完善基本设施，鼓励引导向镇区中心区转移。

保留引导型地区空间发展以完善基本设施、强化宅基地管理、引导居民适度集中为重点。对具有一定规模，且已有一定公用设施的村庄，应充分利用原有的设施和条件，推动设施改善，根据需要进行少量拆建和改建。加强宅基地管理，推动宅基地确权工作，鼓励新增宅基地向周边镇区、中心村转移，引导村居集中建设。加强旧宅整理，推进用地复垦，加强农用地保护。

逐步推动县域人口较少散户、散村迁建。对分散在山区等位置不当、规模小、建筑及环境质量差的散居户和自然村落，促进人口向县城、各镇镇区集聚，引导村庄向邻近特色村、镇区迁建。加强新增宅基地和集体建设用地的管理，空心村整治应坚持一户一宅的政策，对一户多宅，空置原住宅造成的空心村，应在妥善安置的基础上，拆除旧宅。

5.4 县域生态与环境保护

5.4.1 生态环境保护目标

立足于沂源县独特的资源优势和生态环境优势，以重点生态功能区和生物多样性的保护为重点，建设环境优美、资源高效利用、生态系统和谐的生态沂源。

围绕"高山林海、生态沂源"的目标定位，按照国家重点生态功能区建设的要求，推进建立产业准入负面清单制度，落实最严格的环境准入和监管制度。强化水资源保护力度，加快矿山复垦和生态治理，实施荒山绿化工程，实现"绿色农业、环保工业、山水城市、生态沂源"的生态环境目标，使各项环境指标达到国家生态县城建设指标要求。让生态环境成为沂源最重要的竞争力。

1. 绿色环境保护目标

根据功能分区、生态控制的发展思路，从宏观上把握沂源县的生态保护，构建山、水、绿、城协调共生的生态格局。重点从湿地生态修复、生态农业、生态绿地系统等角度开展，实现湿地功能恢复，促使其形成良性循环的湿地生态景观系统；发展高产高效的种植业、林果业，生产无公害、绿色食品，改善生态环境；通过绿地系统建设，提高植被绿化覆盖率，达到60%以上。

2. 水环境保护目标

流域内污染得到治理和控制，水库、河流水质各项监测指标达到国家地表水Ⅲ类水域标准；全面开展污水处理厂建设，生活污水处理率达到100%，工业用水重复使用率达到90%以上，再生水回用率达到50%以上。

3.大气环境保护目标

发展清洁能源和清洁燃煤技术，加强脱硫除尘治理，控制煤烟型污染的中、低点源和面源污染；加强颗粒物各类开放源的治理，有效控制汽车尾气污染，合理利用天然气资源，推进地热能、生物质能、风能、太阳能等再生能源的利用，结合生态建设进一步改善环境空气质量。

4.固体废物污染防治目标

固体废物环境污染得到有效控制，通过交换利用使一般工业固体废物做到有效利用和低排放；危险废物实现安全处置，危险废物和医疗废物无害化处理处置率达到100%；工业固体废物资源化利用率达到95%；城镇生活垃圾无害化处理率达到100%，农村生活垃圾无害化处理率达到90%以上。

5.4.2 生态功能区划

1.生态功能分区

沂源县地处鲁中山区，是山东省平均海拔最高的地区，同时也是水土流失最严重的县之一，自然生态环境系统较为脆弱。根据沂源县的自然地理条件、植被和区系特征、自然发展过程和形成原因、土地利用方式，以及生态服务功能类型等方面的相似性和差异性，对该行政单元内的区域进行合并和分类，划分为4个生态功能区。分别为北部中低山水图保持生态功能区、中部盆地城市及城郊生态功能区、西部水源地保护生态功能区和东南低山丘陵土地整理生态功能区。

2. 生态功能区规划

按照区域生态特点及主导生态功能，将沂源县县域划分为四个生态功能区。

（1）水土保持生态功能区

该区位于沂源县北部，主要是南鲁山镇。该区旅游资源丰富，鲁山森林公园、沂源溶洞群均坐落于此。该区水土流失严重，土地肥力差，地下水源缺乏，抗灾害能力差，不利于农业的发展。林业生产已粗具规模，但树种结构单一，林木生产缓慢，乱砍乱伐现象时有发生。

规划建议加快旅游业和林果业的发展，适当发展畜牧业。通过综合治理开发，建立完整的水土保持防护体系。加强水利建设，实施节水灌溉工程，大力发展扬水站工程，保证山区农业用水。

（2）城市及城郊生态功能区

该区位于沂源县中部，主要是南麻镇、历山街道办事处、悦庄镇和鲁村镇的东部。全县两个工业集中区分布在历山街道办事处和悦庄镇，两大煤矿集团集中在鲁村镇。该区域经济基础好，城市化水平高，是沂源县的经济中心。由于是工业最集中区域，大气和水污染问题相对较重，资源与环境承载能力不足，可持续发展能力受到制约。

规划建议大力发展环保型产业，推行清洁生产，发展生态工业园，推动循环型工业体系发展。同时，针对城市环境问题，实施有效的生活垃圾处理工程。

（3）水源地保护生态功能区

该区位于沂源县西部，主要是大张庄镇和鲁村镇的西部。该区林地覆盖率低，对环境调控协调能力不强，抗灾害能力差，畜牧养殖分散无序，对生态环境造成一定影响。该区有重要的水源保护地——天湖。

规划建议加快林业发展，建设防护林和用材林基地，提高森林覆盖率。发展以林果业为主的生态旅游。对天湖水源地进行保护，涵养水源，禁止开发。天湖周边污染企业限期搬迁，村庄有计划的搬迁，控制水上游览、游泳、网箱养鱼，禁止新建并取缔天湖水源地内所有餐饮网点。

（4）土地整理生态功能区

该区位于沂源县的东南部，包括东里镇、西里镇、张家坡镇、中庄镇、燕崖镇和石桥镇。该区交通方便，林果产量占全县一半以上，蔬菜总产量占全县总产量的22%，已成为沂源县林果和蔬菜生产基地。但果蔬农业的面源污染对该区的生态环境产生了一定影响。

规划建议加大科技投入，发展有机果蔬业。果蔬化肥使用强度控制在25000公斤/平方千米以内；农用薄膜回收率小于90%；农业生产系统抗灾能力（受灾损失率）小于10%。该区是沂源县经济发展新的增长区，依托该区的旅游资源，辅以观光林果业，形成具有特色的生态旅游产业。

5.5 县域空间管制规划

5.5.1 空间管制目标

为协调人与自然和谐发展、保护农田和自然资源、减少城市建设公共安全隐患、提高城市土地利用效率、引导城市土地集约利用，针对不同的土地类型与资源条件，在规划区范围内划定禁止建设区、限制建设区和适宜建设区，并提出不同的开发建设限制要求。

空间管制分区划定应遵循依法划定、科学编制、因地制宜的原则，并充分结合沂源的生态环境、土地和水资源、公共安全、基础设施等要素现状及保护利用的要求。

5.5.2 空间管制分区原则

1. 可持续发展原则

空间管制分区的目的是促进资源的合理利用与开发，避免资源盲目开发造成的生态环境破坏，增强区域经济社会发展的生态环境支撑能力，促进区域的可持续发展。

2. 生态保护原则

生态保护是划定禁建区的主要依据之一。规划主要从生态敏感区保护、工程地质安全、生态隔离、自然景观保护等角度分析，对沂源县域生态限制条件，包括水环境、地质环境、资源环境等进行综合评价，与区域周边地区进行生态空间协调，结合区域城镇建设发展的要求，划定在县域空间中以生态保护为主要功能的需要禁止开发的区域，作为县域永久性生态空间进行控制。

3. 合理集聚原则

明确县域内主要生态保护空间和引导发展空间,强调县域范围内自然资源的集约利用,协调好自然山体、湖泊水体、湿地、基本农田的保护与经济发展的关系。在空间上集中划定利于资源保护的禁止开发区域,同时结合沂源的经济发展,划定一些区域进行适度开发,但要制定严格的开发控制强度和保障措施,防止对自然生态环境的破坏,通过资源的集约利用促进城镇及产业的合理集聚。

5.5.3 县域空间管制分区

从生态环境、资源利用和公共安全等方面限制性要素考虑,划定水域、森林绿地、基本农田、大坡度陡坡地、各类保护区等禁止或限制建设的区域。本次三区划定考虑的主要因素如表5.13所示。

表5.13 县域空间管制要素一览

类型	要素	禁止建设区	限制建设区	适建区中的低密度控制区
自然与文化遗产	自然保护区	核心区	非核心区	
	风景名胜区	核心区	一、二级区	三级区
绿线控制	基本农田	基本农田保护区		
	河湖湿地	河湖湿地绝对生态控制区	河湖湿地建设控制区	
	绿地	城区绿线控制范围、铁路及城市干道绿化带	绿化隔离地区、生态保护林带、经济林、森林公园、退耕还林区	城市生态绿地

（续表）

类型	要素	禁止建设区	限制建设区	适建区中的低密度控制区
水源保护	地表饮用水源保护区	一级保护区	二级保护区	三级保护区
	地下水源保护区	核心区	防护区	补给区
	地下水超采区		建成区以外地下水超采区	
生态安全	蓄滞洪区	蓄滞洪区		
	地质环境		不适宜和较不适宜区	
其他	大型市政通道	大型市政通道控制带	机场噪声控制区	
	矿产资源区	禁止开采区	限制开采区、允许开采区	

（1）河湖水库。包括天湖（田庄水库）、张家旁峪水库、石柱水库、红旗水库、北店子水库等水库，沂河、螳螂河、儒林河、石桥河、徐家庄河、南岩河、大张庄河、高村河、白马河、杨家庄河、马庄河、红水河等河流。

（2）饮用水水源保护区。沂源县水源地共有6处，其中1处地表水源地，为天湖水源保护区（田庄水库）；5处地下水水源地，包括城西水源地、芝芳水源地、钓鱼台水源地、响泉、龙洞泉水源地和沂河水源地。

（3）湿地公园保护区。包括沂河源省级湿地公园、织女湖省级湿地公园和天湖省级湿地公园。

（3）森林公园及自然保护区。沂源县域内自然保护区及森林公园共计5处，包括鲁山自然保护区（国家森林公园）、织女洞森林公园、莲花山森林公园、凤凰山森林公园、杏花村森林公园等。

（4）地质地貌景观保护区。包括三叶虫化石地质遗迹保护区。

（5）基本农田。根据《沂源县土地利用总体规划（2006—2020年）》，县域内基本农田保护区主要分布在县域中部的鲁村镇、悦庄镇、大张庄镇、西里镇。

（6）矿产资源富集地区。主要包括鲁村的煤炭采空区和韩旺的铁矿采空区等。

（7）地质环境。将大于25%的陡坡地划定为禁建区，主要分布在市域西南部；将介于10%—25%之间的坡地划为限制建设区。将地质灾害易发区划定为限制建设区。

（8）重要基础设施廊道控制。依据国家相关法律法规和规范要求，结合瓦日铁路、青兰高速及沾沂高速公路及其他国省干道，以及区域性市政管线（管廊）设施绿化防护廊道等。

5.5.4 县域空间管制范围与管控要求

1. 禁止建设区

禁止建设区，包括一级水源保护区、永久基本农田保护区、森林公园及自然保护区核心区、湿地公园核心保育区、地质地貌景观一级保护区，以及铁路、高速公路等区域性交通走廊及高压走廊、跨区域输油气管线、城市供排水主干管通廊等大型市政设施通廊控制区域。

禁止建设区作为保障城市生态安全的重要地带及生态建设的首选地，作为重要基础设施的保护和缓冲用地，原则上禁止任何建设活动，不同区域应严格遵守国家、省、市有关法律、法规和规章。其中，地表水饮用水源一级保护区内，停止一切农业生产活动，退耕还林，严格禁止与水源保护无关的任何建设活动；地下水水源涵养保护区内，以发展绿化种植和生态农业为主，禁止新建与生态建设无关的建设项目；自然保护区、风景名胜区、森林公园的核心区和湿地公园保育区内，除必须的保护设施外，不得增建其他任何工程设施。

2. 限制建设区

限制建设区，包括地表水源二级保护区、地下水源保护区、一般农田、森林公园及自然保护区非核心区、湿地公园非保育区、地质地貌景观二级保护区，以及其他生态控制和绿化隔离地区。

限制建设区对各类开发建设活动进行严格限制，科学合理地引导开发建设行为，城市建设应尽可能避让、避免与生态保护发生冲突。确有必要开发建设的项目应符合城镇建设整体和全局发展的要求，并应严格控制项目的性质、规模和开发强度，在地质和生态综合研究评价基础上，谨慎进行开发建设。

3. 适宜建设区

适宜建设区，包括城镇建设区及独立工矿等其他适宜建设的区域。

适宜建设区作为综合条件下适宜建设的地区，是城市发展优先选择的地区，但仍需根据环境与资源禀赋条件，合理确定用地开发范围、开发模式、规模和强度。明确划定规划建设用地范围，加强城市规划和镇规划的执行力度，各级城镇的规划建设必须严格控制在城镇建设区范围之内，严格控制用地规

模，高效集约利用土地，根据资源条件和环境容量，科学合理
的确定开发模式和开发强度。

5.6 县域产业发展规划

5.6.1 产业发展现状

1. 总体特征

2015年，沂源县三次产业结构12.7：44.4：42.9，与淄博
市、山东省及全国平均水平相比，一产比重过高、二三产相对发
育不足。主要表现在：一产比重高于淄博9.2个百分点，高于山东
4.8个百分点，高于全国3.7个百分点；二产比重低于淄博9.6个百
分点，低于山东2.4个百分点，表现为二产发展相对不足；三产比
重高于淄博0.4个百分点，低于山东11.4个百分点，低于全国7.6个
百分点。呈现"一产比重过高，二产发育相对不足"的低水平
特征。

从产业结构演化角度看，2005—2015年10年间，沂源县一
产比重仅下降0.4个百分点，10年间几乎未发生任何变化；第二产
业比重下降8.9个百分点，与此相应的，第三产业比重提高9.3个百
分点，存在"第一产业结构升级困难，而第二产业在发展尚不充
分的背景下，第三产业呈现被动增高的'低水平转型陷阱'"。

2. 第一产业发展特征

（1）农业产值稳步增加，内部结构逐步优化

2015年沂源县农林牧渔业总产值达到58.13亿元，相比于
2010年的38.63亿元增长1.5倍（按现价计算），年均增长8.5%，

实现增加值31.04亿元；相比于2010年的20.13亿元增长1.54倍
（按现价计算），年均增长9.0%。其中，农业占农林牧渔业总
产值的70%，其次为牧业达到23.3%，两者合计占农林牧渔业总
产值的93%以上；在农业内部，水果、坚果、茶、饮料和香料
占比达到70.0%，其中，苹果所占分量最大，苹果产业产值占农
业总产值的比重达到42.5%，占第一产业（农林牧渔业）总产值
的29.8%，在淄博市名列第一。

　　沂源县"生态、特色、高效"的现代农业发展迅速，目前
全县拥有各类果品70万亩，其中，苹果30万亩、葡萄3.7万亩、
大樱桃4.3万亩、桃15万亩、干果15万亩、其他水果2万亩，年产
各类果品12亿公斤，农民收入的70%来自林果业，是全国果品
生产百强县、全国绿色食品标准化生产基地县、全国优质苹果
生产基地、全国有机农业示范基地县、无公害果品生产示范基
地县。目前，沂源县已初步形成林果、蔬菜、中药材、畜牧四
大主导特色产业体系，从设施农业种植的面积来看，沂源县相
比周边县市具备一定的优势（见图5.8、图5.9）。

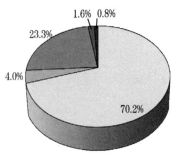

图 5.8　2015 年沂源县农林牧渔业结构

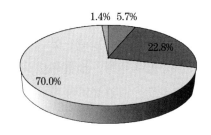

1.4%　5.7%

22.8%

70.0%

■ 谷物及其他作物　　　　　　■ 蔬菜、食用菌及花卉盆景园艺产
水果、坚果、茶、饮料和香料　　■ 中草药材

图 5.9　2015 年沂源县农业内部结构情况

（2）农业特色化逐步显现，但品牌影响力不足

目前，沂源县累计认证"三品一标"农产品97个（有效认证59个，其中有机食品16个、绿色食品8个、无公害农产品29个、地理标志农产品6个——沂源苹果、沂源黑山羊、沂源全蝎、鲁村芹菜、沂源花生、西长旺白莲藕），认证面积占食用农产品总面积的65%，沂源苹果入选"2015中国好食材品牌名录"，荣获第十三届农产品交易会金奖。在2017年第六届品牌农商发展大会上发布了"2017最受消费者喜爱的中国农产品区域公用品牌"，"沂源苹果"是淄博市唯一获此殊荣的品牌，2016年"沂源苹果"品牌以149.332亿元的品牌价值位列全国初级农产品地理标志苹果类产品第三名。目前，沂源县苹果种植面积发展到30万亩，年产量70万吨，年创收42亿元，农户70%以上的年收入来自于"沂源苹果"。

然而，通过横向对比可以发现，沂源县品牌建设落后于周边的博山区与"四组全"战略中"全域融合"发展的高青县，品牌建设明显滞后。未来，沂源县农业发展一方面需要进一步发挥沂源县良好的农业资源和生态本底条件优势，继续加大品牌建设力度，大幅提高农业品牌数量；另一方面，则是着力培育类似"沂源苹果"等著名品牌，推进名优品牌数量的增加与规模化种养殖价值的建设。通过品牌建设，尤其通过名优品牌建设，支撑沂源县现代绿色、高效农业基地的建设与农业结构的进一步优化升级（见图5.10、表5.14）。

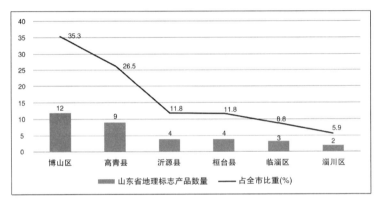

图 5.10　沂源县域淄博市其他区县地理标志产品对比情况（2015 年）

表 5.14　淄博市各区县山东地理标志产品情况（2015 年）

区县	地理标志产品名称	区县	地理标志产品名称
博山区 （12个）	淄博陶瓷、博山琉璃、池上桔梗、博山金银花、博山草莓、博山韭菜、博山猕猴桃、博山蓝莓、博山山楂、博山连翘、博山板栗、博山核桃	高青县 （9个）	高青大米、高青西瓜、高青西红柿、高青黑牛、高青葡萄、高青桑葚、高青黄河鲤鱼、高青黄河鲤鱼、高青黄瓜

（续表）

区县	地理标志产品名称	区县	地理标志产品名称
沂源县 （4个）	沂源苹果、沂源大樱桃、悦庄韭菜、消水蒜黄	桓台县 （4个）	荆家四色韭黄、荆家实秆芹菜、新城细毛山药、桓台金丝鸭蛋
临淄区 （3个）	临淄西葫芦、临淄西红柿、柳店韭菜	淄川区 （2个）	张庄香椿、淄博池梨

（3）农业规模化、园区化不断加强，但集聚优势尚不明显

目前，沂源县已建成100亩以上现代农业示范园区50余处、休闲都市农业示范园区18处、循环农业示范园区10处，推行标准化生产46万亩；在工商部门注册的农民专业合作社718家，其中，国家级示范社7家、省级示范社23家、县级以上示范社49家、县级以上示范社120家，合作社资产总额25.85亿元，固定资产5.25亿元，社员农户7.98万户，社员入社率达52.19%；全县内有大中型冷贮保鲜设施300余处，贮藏保鲜能力达到4亿公斤；全县拥有各类果品批发市场90处；在北京、上海、深圳等大中城市设立直销点62处，在沃尔玛、银座等超市设立专柜100余处；利用"互联网+"模式，建成农产品交易平台4家，发展淘宝、天猫店60家；从农业资源的深加工来看，目前，全县规模以上龙头企业116家，其中，县级龙头企业28家，省级龙头企业4家（分别是地处鲁村镇驻地的海达、高新园的乐利事、大张庄镇的沂蒙山和南麻街道贾家庄村的大华）。

从农副食品加工、食品工业在全省的区位商可以看出，沂源县农副产品加工和食品工业仅在淄博市具有一定的优势，是淄博市主要的农副产品深加工基地，而在山东省层面则没有明

显集聚优势，区位商低于0.5。

（4）存在的主要问题

第一，农业规模化、机械化处于较低水平。沂源县作为典型的山区农业县，农户土地规模偏小，且较为分散、细碎，难以进行连片作业，加之农村土地流转政策尚不完善，农业种植结构复杂，粮、经间种普遍，增大了农业机械化作业难度，制约了农业规模化的发展。

第二，农业产业化经营水平低，市场竞争力不强。譬如沂源县苹果有规模但品质、加工能力有待提高，茶叶有品牌但市场不广，资源优势、品牌优势尚未充分转化为经济优势，企业带动能力不强，农产品精深加工滞后，制约了农业产业化深度发展。

第三，农业生产效益低，农民增收渠道不足。近年来，随着农产品价格不确定因素增多，农民转移就业增收空间缩小，农资价格上行压力加大。另外，农村青壮年劳力的大量流失也制约了农业现代化水平的提高，呈现"农业兼业化、农民老龄化"的发展特征。

第四，新型农业产业业态发展滞后，产业融合度不足。目前沂源家庭农场、休闲农庄等新型农业经营尚处于起步阶段，农业发展与工业、旅游业等产业融合度还很低。加之沂源距离大城市消费市场的空间距离较远，农民发展乡村旅游、休闲农业的意识还不强等原因，造成以休闲农业和乡村旅游为主导的新型农业生产经营水平还很滞后，在一定程度上限制了农业资源潜力的释放和农民增收渠道的拓展。

3. 第二产业发展特征

（1）工业产业格局从"小而全、内向化"向"特色化、外向化"的转变，产业集中度不断提高

首先，近10年来，沂源县工业结构发生了重大变化，其支柱产业逐渐从传统的建材业、纺织服装、医药业、机械制造、农副产品加工等"小而全"的产业体系向以医药、新材料、高分子等三大高新技术产业为主导的特色高新技术产业转变，其工业利税率和增长速度在周边区域乃至山东省都具备较强的优势。

其次，从工业行业的区位商看，除了以铁矿开采为主的黑色金属矿采选业在全省占有较高的区位商以外，医药制造业（在山东省的区位商为8.01）、皮革、毛皮、羽毛及其制品和制鞋业（2.26）、酒、饮料和精制茶制造业（2.20）、非金属矿物制品业（2.38）在全省区位商较高（见图5.11）。

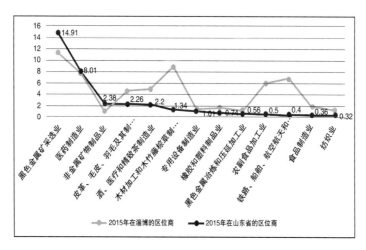

图 5.11　沂源县各工业行业在淄博市和山东省的区位熵对比（2015 年）

再次，从产业的辐射范围来看，10年前，沂源县工业主要以服务地方为主，产业辐射范围有限，但目前其支柱产业则在山东省乃至全国占有较大比重，产业发展模式实现了从"内向化"向"外向化"发展模式的转变。

最后，从企业集中度看，沂源县70%的工业企业集中在经济开发区，从行业分布来看，主要集中在新医药、节能保温新材料、玻纤材料、高分子材料、新能源、装备制造、食品加工7条产业链，产值总量占到全县规模以上工业的80%以上，产业集聚度达到较高水平。

（2）医药、新材料、高分子三大特色优势产业集群日益壮大

首先，三大特色产业集群规模优势明显，在国内同行业中占据优势地位。如，药玻公司是亚洲最大的药用玻璃包装制品生产企业；鲁阳公司是亚洲最大的陶瓷纤维生产企业，年产能15万吨，单体生产线是同行业水平的5倍以上；瑞阳公司是全国规模最大的头孢类原料药生产企业，粉针生产规模进入全国五强。

其次，三大特色产业技术水平较高，自主创新能力较强。培育了高新技术企业19家，其中，国家级火炬计划重点高新技术企业4家，高新技术产业产值占规模以上工业总产值的54.8%。拥有国家级企业技术中心2家，博士后科研工作站达到5家，国家级重点实验室1家；设立了8家院士工作站、9家省级工程技术研究中心、11家省级企业技术研究中心。培育中国驰名商标6个、中国名牌产品1个、中国著名品牌1个，山东省著名商标、山东省名牌产品27个。药玻公司被批准组建山东省唯一的医药包装产业联盟；瑞阳公司被认定为全县域首家国家技术

创新示范企业。

再次，三大特色产品市场占有率高，竞争力强。医药产业和新材料产业的产品市场占有率在同行业处于领先地位，药玻公司模制抗生素玻璃瓶、高档棕色瓶、丁基胶塞年产量分别占国内市场份额的80%、70%和25%以上；瑞阳公司美洛西林钠、原料药及制剂、葛根素、瓦松栓等产品市场占有率均为全国第一；鲁阳公司硅酸铝耐火纤维系列产品，国内市场占有率40%。

最后，三大特色产业关联度高，带动能力大。医药产业和新材料产业产品关联度高，有利于拉长产业链条，如鑫泉公司的头孢曲松钠医药中间体项目，75%以上的产能直接为沂源县瑞阳制药公司配套。

（3）产业发展层次较低，产业竞争力普遍偏弱

从工业行业的区位熵可以看出，黑色金属矿采选业作为沂源县最具优势的产业，其在山东省的区位商达到14.91，但其下游深加工产业黑色金属冶炼和压延加工业的区位熵仅为0.56；产业链条相对较长的装备制造业等行业其区位熵皆小于1；沂源县作为典型的农业大县，特色农产品资源丰富，但农副产品的深度转化产业农副食品加工业和食品制造业在山东省的区位熵却小于1。

（4）企业集中度、集聚度比较高

沂源县70%的工业企业集中在经济开发区，从行业分布来看，主要集中在7条产业链，产值总量占到全县规模以上工业的80%以上，产业集聚度达到较高水平。

4.第三产业发展特征

（1）服务业发展迅速，占GDP比重持续提高，但总量还偏小

2016年，沂源县服务业增加值达到116亿元，2011—2016年间全县服务业增加值年均增长达到9%以上，增速高于GDP增速1.5个百分点左右；2016年，沂源县服务业增加值占全县的GDP的45.6%，比2010年提高8.2个百分点，年均提高1.4个百分点。但与周边县市相比，沂源县服务业仍存在经济总量偏小的问题，尽管服务业增加值增幅超过了第一、二产业增幅，但占GDP的比重仍然相对较低，对全县经济的拉动作用不强，贡献率不高。

（2）服务业层次相对偏低，规划化、市场化不强

一方面，以传统服务业为主的发展格局没有根本性转变，与制造业密切相关的工业设计、信息咨询、科技服务等生产性服务业尚处在培育发展阶段，需求空间巨大的家政、养老、保健、社区服务等生活性服务业发展滞后。另一方面，沂源县服务业产业化、市场化程度相对低。如，旅游业一直没有破题，没有形成品牌，旅游组织体系散，基础设施水平低，服务质量不高，缺少大型旅游公司，没有形成良好的市场效应。

（3）服务业品牌优势不足，龙头带动作用不强

以旅游业为例，一方面，沂源县旅游业发展明显滞后于周边区县，2008—2015年沂源旅游规模增长较慢，旅游人次年均增速8.3%，远落后于沂南（40.1%）、沂水（17.9%）等沂蒙山区其他区县。另一方面，沂源县旅游资源相对分散，缺乏游线组织和核心景区带动，核心景区龙头地位不突出。2015年，

鲁山溶洞、牛郎织女景区游客接待人次分别仅占全县的5.0%和5.2%。相比较而言，周边旅游强县例如沂水县地下大峡谷、天上王城2015年接待人次占比分别达到31%、15%，蒙阴孟良崮景区达到29%。

5.6.2 产业发展思路

1. 融入区域，突出重点

首先，要积极构建全方位开发开放的产业发展新格局，实施更加积极主动的对外开放战略，完善产业开放政策，改善产业投资环境，在更宽领域、更高层次强化对周边中心城市的产业经贸合作，融入区域产业链与价值链，提升全县产业发展的竞争力。其次，要依托优势产业资源，着力培育创新环境，提高区域创新能力，加快科技成果转化，依靠创新驱动，大力发展生物医药、新材料、高分子、新能源、农副产品深加工等先进制造业和休闲旅游、现代物流、健康养老等现代服务业，引领鲁中山区的全面发展。

2. 整合资源，发挥优势

丰富的自然资源和优良的生态环境是沂源的优势所在，要依托优良的生态资源和环境价值，发挥特色资源优势和产业基础优势，培育壮大优势产业集群，加快完善特色产业链，形成具有较强竞争力的特色优势产业基地，引领沂源县产业结构的转型升级。

3. 坚持保护与开发并重

坚持生态优先，树立可持续发展观念。逐步淘汰能源资源消耗高、环境污染严重的落后产业。立足沂源的自然资源和生态本底，从战略高度关注沂源经济发展的生态安全保障，走一条科技含量高、经济效益好、资源消耗低、环境污染少的绿色、可持续发展之路。

5.6.3 发展定位

1. 国家级农副产品生产及深加工基地

考虑到沂源县良好的生态条件与有限的土地面积，结合大众对绿色高品质农产品需求日益增加的态势，沂源县农业发展应走区别于寿光发展大众蔬菜的传统路线，走五常"稻花香"大米品牌的路子，进一步突出"生态、绿色、高品质"的发展理念，通过高标准的质量管理体系与监督体系等的建立，着力提升沂源县农副产品质量与品质，扩大"沂蒙山"农副产品的知名度和影响力，打造国家级的绿色农副产品生产及深加工基地。

2. 山东省重要的特色高新技术产业基地

沂源县高新技术产业发展基础雄厚，发展潜力巨大，具备打造山东省重要的高新技术产业基地的发展条件。具体来讲，首先，沂源县应重点打造生物医药、新材料、高分子和新能源等四大特色高新技术产业，积极延伸产业链，提高产品附加值。另一方面，要抓住半岛蓝色经济区和省会城市群经济圈产业结构转型升级的机遇，积极承接产业转移，打造承接东部沿海产业转移的重要基地（见图5.12）。

第一，利用综合成本优势承接劳动密集型产业转移	•降低人力、土地和配套等产业发展综合成本，重点是提高人口素质、加强执业技能培训、完善产业发展的综合配套水平。
第二，利用资源禀赋优势承接资源精深加工产业转移	•发挥沂源县生态资源与农副产品资源的优势，积极吸引山东半岛及东部沿海产业转移。打造资源深度转化产业基地。
第三，完善产业转移合作机制；合作共建园区等	•主要采取双方园区合作共建、双方政府合作共建、高校与地方合作共建、企业与地方合作共建等模式。
第四，综合产业承接模式；大项目—产业链—产业群—产业基地	•抓住东部产业转移的特点，主动引进带动性强，关联度高的龙头企业，形成大中小企业齐头并进，产业多元发展的格局。
第五，完善保障措施：提供优惠政策，建立良好发展环境	•制定优惠政策，举办产业转移高层峰会，创新体制机制，建立促进产业转移的差异化产业政策和要素激励机制。

图5.12 沂源县打造承接山东半岛城市群及东部沿海产业转移策略分析

3. 鲁中山区重要的休闲旅游基地、商贸物流基地和健康养老基地

沂源县作为鲁中地区重要的休闲旅游度假基地的定位毋庸置疑。随着青兰高速和张沂高速的建成通车，沂源县将成为淄博市南部重要的门户，为其商贸物流产业发展奠定了良好的条件（见图5.13）。

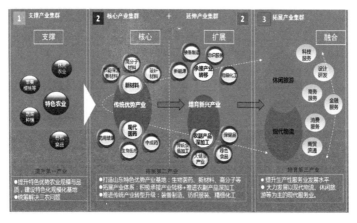

图5.13 沂源县现代特色产业体系

依托三大产业发展定位，着力打造以现代特色农业为基础，以生物医药、新材料、高分子等传统优势产业和以农副产品深加工、新能源等新兴产业为依托，以商贸物流、休闲旅游、健康养老等现代服务业为支撑的现代特色产业体系。

5.6.4 产业发展引导及空间布局

1. 第一产业发展引导

（1）大力发展现代特色农业

按照"生态、特色、高效、有机"的目标定位，坚持"园区化、品牌化、产业化"发展方向，深化农村综合改革，加快农业发展方式转变，推进农业布局区域化、生产精准化、种养规模化、经营产业化、产品有机化，走产出高效、产品安全、资源节约、环境友好的农业现代化道路。

第一，改革创新农业生产方式。深化农村土地制度改革，加大土地流转力度，全面完成产权办证工作，建立统一规范的农村土地流转交易和抵押平台，合理引导土地流转，促进适度规模经营。突出园区化发展方向，积极引导工商资本投向现代农业，建设主体清晰、规模经营、产品优质、销售稳定的现代农业园区。巩固家庭经营基础性地位，鼓励家庭承包土地经营权流转，推进家庭农场、农民合作社、"企业＋农户""合作组织＋农户"等农业经营方式创新发展。

第二，构建现代特色大农业体系。加快"传统农业"向"现代大农业"（产业化、长链条、高附加值）转变，构建集"特色农业生产—深度加工—区域农产品物流—农业旅游"为一体，横跨一、二、三产业的大农业体系。首先，推进农业与工业融合发展，大力发展农副产品深加工与食品制造产业，打造国家级的农副产品生产及深加工基地、鲁中山区农副产品深加工服务中心。用工业方式发展现代农业，鼓励发展规模种植业、养殖业和农产品加工业，推动农业规模化、集约化、产业化经营。其次，推进农业与服务业融合发展，加快农业生产、物流、营销等一体化发展，做大做强农业全产业链，加快发展农机服务、农资供应、农产品流通等农业生产性服务业，突出抓好农业与旅游业融合，大力发展都市观光农业和乡村旅游，建立快速高效的农副产品流通体系（见图5.14）。

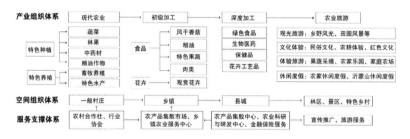

图5.14　沂源县现代大农业体系分析

第三，提升农业产业化水平。发挥政府主导地位，构建县—镇—村三级农技推广网络，响应"互联网+"行动计划，搭建"互联网+大农业"平台，推进互联网与农业种植及产品加工、农产品流通、农业旅游、农业技能培训等融合。大力发展农业电子商务，鼓励开拓网上市场，培育一批农产品电子商务企业，实现农业生产经营管理信息化。加快建设省级农业科技园，加快农业科技成果研发、引进、转化、应用，争创国家级农业科技园。大力发展家庭农庄、专业合作社、龙头企业、行业协会组织，提升农机社会化服务水平。

第四，加强农业品牌建设。突出沂蒙山区域特色农产品品牌，打造以林果、蔬菜、中药材、畜牧为主的特色优势农副产品生产基地，搭建"科研、教育、培训、引智、示范"五个平台，做好"沂源红"等地方优良品种的保育、提纯和种质资源保护开发，着力引进一批果品优质新品种，积极推广适销对路特色果品，打造"沂蒙山区优势果品产业带"。积极申报注册国家地理标志、中国名牌产品、驰名著名商标等品牌标识，提升沂源县特色农产品竞争力。加强对"沂蒙山"等品牌的规范使用、科学管理和宣传推介，提高品牌影响力。建立完善政府奖励、政策扶持等农业品牌创建激励机制，鼓励企业和协会积极开展品牌争创工作。

第五，推进农业标准化建设。加强农业标准化基地建设，提高规范化管理水平，开展农产品准出和农产品质量追溯体系建设，突出抓好国家水果蔬菜标准园创建工程。完善农产品质量监督检测体系，加强风险监测和监督抽查，增强农产品质量安全源头控制。开展农产品质量安全示范镇和基地创建活动，提升农产品质量安全监管能力和水平。加快农业综合执法监管体系建设，建立严格的农产品质量安全监管责任制和责任追究制度。

（2）优化现代农业布局

围绕林果、蔬菜、畜牧、中药材等四大特色产业，按照现有农业发展基础与布局，构建"南部林果、北部中药材、东部蔬菜、西部畜牧"的现代特色农业发展区和以循环农业、休闲农业、农产品加工为主的休闲观光农业发展区。

——现代特色农业发展区：四区十带多点。首先，"四区"指四大特色农业集中发展区，分别是：1）县域东部蔬菜集中发展区，重点发展韭菜、萝卜、芹菜等优质蔬菜和精品杂粮、粮油等作物。2）县域南部林果集中发展区，重点发展以苹果、桃、葡萄、大樱桃、梨、杏、蓝莓、猕猴桃、草莓等为主的水果和核桃、板栗、花椒等为主的干果。3）县域北部中药材集中发展区，重点发展桔梗、黄芩等中药材产业。4）县域西部畜牧集中发展区，重点发展黑山羊、肉兔、牛、黑猪、鸡鸭等禽畜产业。其次，"十带"指依托四大特色农业集中发展区重点建设十大现代特色农业产业带，分别是蔬菜产业带、粮油作物产业带、苹果产业带、葡萄产业带、大樱桃产业带、桃产业带及其他特色水果带、干果产业带、畜牧产业带和中药材产业带，合理引导沿线特色农业发展。最后，"多点"指依托现有特色农业布局基础，点状发展茶叶、花卉等特色产业（见表5.15）。

表5.15　沂源县农业生产布局引导

产业带名称	重点分布区域	发展重点引导
蔬菜产业带	集中在南麻、鲁村、大张庄、悦庄、石桥等镇（街道）	发展韭菜、萝卜、芹菜等山地蔬菜、设施蔬菜
粮油作物产业带	集中在南麻、鲁村、大张庄、悦庄、石桥等镇（街道）	发展小米、红豆、绿豆等杂粮；花生、大豆、蓖麻等油料作物
苹果产业带	集中在中庄、张家坡、燕崖、西里、东里、大张庄等镇	到2025年，全县栽培苹果30万亩以上

（续表）

产业带名称	重点分布区域	发展重点引导
葡萄产业带	集中在悦庄、南麻、大张庄等镇（街道）	到2025年，全县栽培葡萄6万亩以上
大樱桃产业带	集中在燕崖、石桥等镇	到2025年，全县栽培大樱桃6万亩以上
桃产业带	集中在鲁村、南鲁山、大张庄、西里等镇	到2025年，全县栽培桃15万亩以上
其他特色水果带	集中在鲁村、南鲁山、大张庄等镇	发展梨、杏、蓝莓、猕猴桃、草莓等，到2025年，种植面积达到2万亩
干果产业带	集中在鲁村、大张庄、南麻、南鲁山等镇（街道）	发展核桃、板栗、花椒等，到2025年，种植面积达到16万亩
畜牧产业带	集中在南鲁山、鲁村、南麻、大张庄、悦庄、燕崖、中庄、西里、东里、张家坡、石桥等镇（街道）	发展黑山羊、肉兔、鸡鸭等，到2025年，生态养殖存栏总数达到1000万头（只）；发展中华蜜蜂，设立省级中华蜜蜂保护区15万亩
中药材产业带	集中在南鲁山、悦庄、石桥等镇	发展桔梗、黄芩、黄芪等，到2025年，种植面积达到5万亩

——休闲观光现代农业区。1）循环农业示范园。在南鲁山、大张庄、燕崖、中庄、西里、东里、张家坡、悦庄等镇，建设以沼气为纽带的生态循环农业示范区。2）都市农业示范园。在特色种植区、生态景观区，建设都市农业示范园区。3）农产品加工生产区。在中庄、西里、东里、张家坡等镇驻地发展苹果、大樱桃、蔬菜包装、中药材深加工，形成"镇级收购包

装、县级园区加工"产业体系。

2. 第二产业发展指引

分析沂源县各产业间的发展基础与关联特征，确定沂源县工业发展体系为"4+4+N"，即重点突破4大新兴产业：新医药、新材料、高分子、新能源；改造提升4大传统产业：食品制造、采矿业、机械制造、纺织业；建设N个跨区域合作专业园，积极通过园区共建方式承接国内外产业转移，发展本地经济。

（1）培育壮大新兴产业

坚持以科技创新为引领，优化要素链，培育创新链，重点发展生物医药、新材料、高分子、新能源等优势产业，着力打造山东省特色高新技术产业基地。

——生物医药。沂源医药产业在规模、技术、品牌等方面具备了明显优势，形成了以中西药品、医药包装和医药中间体三大板块为主的产业体系，基地建设主要依托山东省头孢抗生素产业示范基地及淄博市健康产业基地，现有相关企业17家，多种药品制剂、药用包材在国内具有较大市场占有率。未来应围绕关键技术创新和产业化，打造产业创新链，重点发展新品种化学药、现代中药及天然药物、生物制药、药用包装材料及医疗器械、医药中间体、基因检测等优势产业领域。

——新材料。新材料产业已成为沂源县重要的经济增长点，形成了以鲁阳、卓意、新力、宏泰、德瑞等为代表的新材料产业龙头企业。2015年，沂源县新材料产业集群规模以上企业大约有30家。未来，应坚持技术引进与创新研发并重，拓展新型节能保温材料、高分子材料、高性能玻璃纤维材料、新型特种金属复合材料等四个重点领域产业链，不断创造和开拓市场，扩大新材料规模化应用空间。

——高分子。沂源县高分子企业15家，现有国家级高新技术企业4家、院士工作站2家、省级以上各类创新研发平台11家。与上海交通大学等10余所高等院校建立了长期合作关系。代表性龙头企业如博拓塑业、慧科助剂、瑞丰高材等，主导产品的国内市场占有率达到40%以上。未来应以下游产业发展为主，形成了良好的产业链条，大大增强集群的市场竞争力和抗风险能力。

——新能源。新能源产业目前尚处于起步阶段，主要以风电及光伏为主，形成了以淄博光科太阳能、山东国风、三峡新能源、华润新能源等为代表新能源项目。未来，沂源应充分利用太阳能、生物质能、风能资源，因地制宜有序发展光伏发电、风力发电应用项目，积极培育与新能源产业相配套的电子信息制造产业。

（2）改造提升传统产业

坚持以提高传统制造业质量效益为导向，以技术改造为核心，优化行业结构、技术结构和产品结构，推动产业向先进制造业转型升级，着力打造国家级农副产品深加工基地、山东省重要的矿产资源开采基地和淄博市重要的先进制造业基地。

——食品制造。以构建现代食品产业体系和食品安全建设体系为依托，充分利用沂源县域农副产品资源优势，培育壮大企业集群，引导食品加工企业向"多元、高端"方向发展，重点发展花生油及花生附产品、果蔬饮料、啤酒、薯片等产品。

——采矿业。以信息化、自动化和智能化带动采矿业改造提升，开创安全、高效、绿色和可持续的矿业发展新模式。支持华联矿业重组转型，改造传统采矿设备，构建矿山数字化信息系统，实现远程遥控和自动化采矿。

——机械制造。以提高研发设计、核心部件配套、加工制造和系统集成水平为重点，重点发展汽车及轨道交通零部件、电机配套、船舶配套等产品，积极开发药用包装机械配套产品，支持企业引进数控机床、工业机器人等先进设备，实施信息化改造。

——纺织业。加强产品制造、研发设计能力，加快生产控制数字化和信息化管理，重点开发新型高性能纤维、特殊功能性织物等高附加值产品。加强服装创意设计，积极发展自主品牌服装。

（3）引导产业向园区布局

按照新建工业项目集中进园区的原则，科学布局园区建设，着力打造"一区、四园、多点"的工业布局结构。

一区：指县城东部工业集聚区，重点发展新医药、新材料、高分子、绿色食品制造等产业。整合经济开发区、高新技术产业园、悦庄工业园发展，探索产城融合发展模式。按照社区园区同步规划、三次产业融合发展的思路，合理划定功能分区，完善基础设施和公共服务配套。围绕园区主导产业发展，有序推进综合性、专业性市场建设，规划建设仓储物流园区，合理布局发展金融、信息、商业、文化娱乐等服务业态，使工业集聚区由单纯的生产区向功能齐备的城市新区转型。

四园：指经济开发区、东部化工产业园区、高新技术产业园和悦庄工业园，推进四园的产业分工发展。1）高新产业园，规划面积14.7平方千米，重点打造以瑞阳公司、徐闻乐辉和美华公司为主体的新医药产业集群，以鲁阳公司、新力环保公司为主体的新材料产业集群，同时配套相应的食品加工园区、机械加工园区、小微创业园区等。2）东部化工产业园区，沂源化工产业园获得省政府批准公布，对实现新旧动能转换具有重要意义。主要从事以某些化学品和天然产品为原料，加工制造人们常用化学品。3）经济开发区，重点打造以瑞丰公司、慧科公司为主体的高分子产业集群，以鲁阳公司、博拓公司为主体的节能环保产业集群。4）悦庄工业园，重点发展以农副产品加工、绿色食品制造、机械制造、纺织服装等产业，将其打造为沂源县承接山东半岛城市群及东部沿海产业转移的重要载体。

多点：指乡镇工业小区，重点发展农副产品初加工、矿产资源开采等行业，按照产业链上下游的要求，加快乡镇工业小区与经济开发区、高新技术产业园和悦庄工业园构建"主导园区+产业协作配套基地"的关系，前者重点发展产业链的上游环节，而后者则大力发展产业链的中下游环节。

3. 第三产业发展指引

推动服务业集聚发展，做大做强现代物流、电子商务等重点支柱产业，培育壮大金融、信息服务等生产性服务业，提升传统生活性服务业。

（1）建立现代物流体系，建设区域配送中心

依托瓦日铁路、青兰高速，积极对接日照港、临沂等全国

性物流基地，大力发展煤炭物流、工业品物流和农产品物流，加快建设铁路综合物流园区、工业仓储物流园区、齐鲁大宗农产品交易中心和城市配送物流中心，建成"以物流园区为龙头，物流节点为支撑"的现代物流服务网络体系。大力发展全供应链模式物流，着力培育引进一批大型物流企业，注重培育壮大一批第三方、第四方骨干物流企业，把沂源打造成为"立足淄博，承接港口（日照港、青岛港），辐射山东，影响全国"的现代化区域性物流基地。

（2）推动传统商业与电子商务融合发展

一方面，加快培育成和商厦、东方购物广场、沂源红苹果大世界等具有优势主业、知名品牌、较强实力的高成长性的商贸服务业项目发展。另一方面，利用互联网+、云计算等信息技术，打通传统商务产业链采购、市场、销售、服务等环节，推动优势行业由应用电子商务向智慧商务转变，推动沂源优势产品"走出去"。

（3）加快发展金融服务，支持实体经济转型升级

支持新型金融业态发展，完善金融组织体系建设，"十三五"期间，吸引10家左右省内外股份制（外资）商业银行、股权投资公司、基金公司、证券公司等金融机构来本县设立分支机构，鼓励各类资本发起设立村镇银行、融资性担保公司、私募基金、民间资本保理等新兴金融组织，增加信贷资金供应，在合规框架内大力发展互动金融，增加社会信用总量。

（4）积极扶持和培育健康养老产业发展

推进医疗护理、健康检测、卫生保健等健康服务产业发

展，支持第三方医疗、健康管理服务评价、健康市场调查和咨询服务发展，推动健康咨询、健康保险与健康服务融合发展。按照市场化管理、产业化运营的思路，高标准建设天湖养老养生基地，培育打造养老产业链条，探索高端养老服务。鼓励社会资本兴办养老服务机构，参与养老服务设施建设和运营。切实加强农村养老服务，财政扶持资金优先向农村养老服务倾斜，探索以政府购买服务等方式促进养老服务业发展。

（5）促进经营性社区服务产业化

不断完善社区生活、安全保障、医疗保健、休闲娱乐等基础服务设施，重点发展社区卫生、家政服务、社区保安、养老托幼、食品配送、修理服务和便民服务等社区新型服务业态。鼓励社会资本兴办各类社区服务，促进经营性社区服务产业化。强化社区再就业组织服务功能，鼓励失业人员和转岗干部创办多种形式的社区便民服务，促进社区服务业健康有序发展。大力推进家庭服务业，引导和扶持有条件的家庭服务企业向规模化、网络化、品牌化发展。到2025年，建立服务内容丰富、覆盖范围广泛、管理水平较高的社区服务体系。

5.7 县域旅游发展规划

5.7.1 现状概况

1. 基本概况

沂源县是"山东屋脊"，"齐鲁之心"，旅游资源丰富，具有生态资源优秀、史迹文化突出、山城风光秀丽、山水风景宜人的特点。近年来，沂源不断加大旅游开发力度并完善旅游配套设施，初步形成了以县城为中心的全域旅游开发格局，目前，沂源拥有国家4A级旅游景区2个、3A级景区1个、2A级景区4个；南鲁山镇、燕崖镇、中庄镇、东里镇、鲁村镇、张家坡镇、西里镇是省级旅游强镇；有25个省级旅游特色村，22个省级农业旅游示范点。拥有"全国休闲农业和乡村旅游示范县""山东省旅游强县"等称号；2016年2月份，沂源县入选首批"国家全域旅游示范区"创建名录，是山东省12个市县之一。

2. 旅游业发展特征

（1）景区发展模式滞后，门票经济依赖度高

沂源县旅游资源极其丰富，但目前各旅游景区之间相互独立，管理体制和经营模式上存在各自为政，分散独立发展的突出问题。譬如，两大龙头型景区（牛郎织女景区、沂源溶洞群）的开发经营仍停留于"门票+导游+拍照"的传统观光形式。天湖、双马山等旅游度假区目前仍处于前期开发阶段，尚不足以形成有效的龙头带动作用。

（2）沂源县旅游业发展明显滞后于周边区县

2008—2015年沂源旅游规模增长较慢，2015年，沂源全县接待旅游人次达286.2万人次，旅游收入突破16亿元。旅游业在沂源国民经济产业中的影响力和辐射力不断得以提升。但沂源县接待旅游人次年均增速8.3%，远落后于沂南（40.1%）、沂水（17.9%）等沂蒙山区其他区县。

（3）旅游资源分散，核心景区龙头作用不足

2015年，鲁山溶洞、牛郎织女景区游客接待人次仅占全县的5.0%和5.2%。周边旅游强县如沂水县地下大峡谷、天上王城2015年接待人次占比分别达到31%、15%，蒙阴孟良崮景区达到29%。

（4）旅游服务业发展滞后，旅游经济偏弱

目前，沂源县住宿产品以星级饭店、快捷酒店、农家乐为主体，行业服务意识、服务素质有待提升，度假酒店品牌、经济型连锁酒店品牌、精品民宿品牌缺乏。地方餐饮以大锅全羊、沂蒙煎饼、狗肉宴等为主要特色，缺少本土品牌餐饮企业和老字号企业。娱乐设施以面向本地居民的日常消遣为主，缺乏酒吧、步行街等旅游娱乐类产品。旅游商品主要以苹果、大樱桃、果脯等农副产品为主，不易携带保存，旅游纪念性和附加值不高（见图5.15、图5.16）。

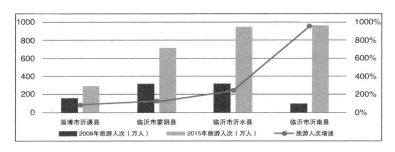

图 5.15　2008—2015 年沂源及周边区县旅游业发展比较

图5.16　沂源及周边区县旅游资源分布

5.7.2发展条件

1.资源得天独厚

沂源地处山东屋脊、生态高地，为开发"避暑、避霾、避忙"类养生度假产品提供了稀缺性的先天资源。沂源是"全国果品生产百强县""无公害果品生产示范基地县""绿色食品标准化生产示范基地县"，全县水果种植面积占农产品总面积的51%左右，特色品种"沂源红"丽质甜美，当选了"奥运果""世博果"。2015年，"沂源苹果"以146.62亿元的品牌价值首次上榜中国品牌产品，在发展休闲农业和乡村旅游方面具有较强的产业基础。同时，沂源也是"山东古人类发源地""牛郎织女之乡""中国北方溶洞之乡"，历史悠久，文化底蕴丰厚，在发展文化旅游方面同样具备先天优势。

2. 交通环境加快改善

预计到2020年，山东省基本实现市市通高铁、县县通高速，即"两网两通"工程。将形成以济南、青岛为中心，济南、青岛至周边城市1小时通达，各县（市、区）30分钟内可进入高速公路网。同时，山东全省将加快机场布局建设，开通更多的洲际直航航线，力争国内外航线达到340条以上，比"十二五"末增加40条左右。

3. 政策优势突出

2016年2月，沂源县入选首批"国家全域旅游示范区"创建名录，是全省12个市县之一。"十三五"规划中将旅游业定位为战略性支柱产业，通过将鲁山景区和牛郎织女景区等旅游资源项目从国有林场中分离出来，进行企业化投资、市场化运作，实施景区深度开发，着力打造一批特色突出、品位高、市场竞争力强的旅游产品。制定出台了《国家全域旅游示范区创建工作实施方案》和国家全域旅游示范区创建工作责任分工，明确了85项主要创建任务。

5.7.3 规划定位及发展策略

1. 发展定位

充分把握沂源"齐鲁之心、山东屋脊"的地理空间特性，依托"生态高地"的自然生态优势和"人类之源""爱情之源"

的人文环境优势，以沂河为脉络，整合沿线文化遗产、森林公园、地质公园、旅游景区、乡村农业等自然文化资源，将沂源建设成以自然生态环境为核心载体、以爱情文化为体验特色、以乡村田园风光为要素补充的，集生态徒步、科普教育、遗产旅游、休闲度假、户外运动、乡村旅游等于一体的生态养生型旅游目的地。

2. 发展目标

以建设"中国旅游强县、齐鲁生态高地、省内外重点成熟旅游区、知名休闲度假和文化旅游胜地"为目标，大力推进实施旅游带动战略。到2035年，将沂源建设成为中国旅游强县，重点景区逐步建设成为国内高知名度、高吸引力、高竞争力的综合型成熟景区，使沂源县成为外地游客来到山东旅游的必到之处。基本实现由旅游资源大县向旅游强县的转变，把旅游业发展成为全县国民经济的支柱乃至主导产业（见表5.16）。

表 5.16　沂源县旅游业发展指标

发展指标指标		2015年	2025年		2035年	
		指标	年均增速	指标	年均增速	指标
接待游客量	万人次	286.2	6.9	400	9.6	1000
旅游总收入	亿元	16.2	16.7	35	11	100
旅游收入占GDP比重	%	6.6	—	10	—	18
游客人均停留天数	天	1	—	1.3	—	2
游客人均消费支出	元	566	1.2	600	1.5	700
5A级旅游景区	个	—	—	1	—	2
4A级旅游景区	个	2	—	4	—	8

3. 旅游发展策略

（1）打造重点景区

按照企业主体、市场运作的思路，大力实施"5+3"工程，优先做大做强鲁山、牛郎织女、天湖、唐山、凤凰山等五大重点景区和阳三峪、双泉、双马山三大乡村旅游片区，形成以五大景区为主体，三大乡村旅游点为补充的旅游新格局。加快鲁山景区开发，深入整合挖掘自然资源、沂源猿人资源、溶洞群地质资源和原军工厂文化资源，建设山岳型养生度假区，争创国家5A级旅游景区。加快推进牛郎织女景区建设，以打造中国爱情文化旅游圣地为目标，建设国家级爱情主题公园。加快推进天湖旅游度假区项目建设，构筑一湖一环六大组团的旅游空间体系，建设鲁中地区高端水上旅游项目重点景区。加快九顶莲花山景区和凤凰山景区综合开发，深入挖掘宗教文化，拓展旅游发展空间。

（2）发展乡村旅游

依托优美的生态环境、丰富的林果资源和民俗资源，坚持内外兼修、梯次推进，建设阳三峪、双泉、双马山、神农药谷等重点乡村旅游项目，形成"以点带面，点面结合"的旅游新格局和"记得住乡愁"的乡村旅游核心板块。

（3）完善配套服务

依托火车站、汽车站、高速公路服务区等现有设施，建设旅游咨询服务点，完善集散功能，实现与景区的无缝衔接。实施旅游景区厕所革命，到2016年底，全面完成A级景区、旅游度假区旅游厕所改造提升。加快智慧旅游城市、智慧旅游景区建设，完善游客信息咨询服务平台，游客聚集区、3A级以上旅游景区、3星级以上酒店基本实现免费无线网络全覆盖。加快自驾车营地、旅游房车营地建设。

（4）加强宣传推介

实施精准营销策略，多层次建设客源地营销渠道，巩固济南、青岛等"两小时生活圈"传统客源市场，拓展东营、滨州等新兴市场。规划建设优质高端旅游项目，设计策划精品旅游线路，形成二（三）日游旅游圈，逐步提高全县旅游一体化水平。丰富和创新宣传营销手段，充分运用"互联网+"技术和理念，构建旅游立体营销体系。推动节庆活动市场化运作，持续办好中国（沂源）七夕情侣节、"沂源红"苹果文化节、伏羊文化节等重大节庆活动，提升沂源旅游品牌影响力。

5.7.4 旅游发展格局

规划通过整合优势旅游资源，打造特色旅游片区，以核心龙头景区建设为抓手，结合特色小镇、美丽乡村建设，全面推进"全域旅游"发展，在县域内重点打造"一带三环"的旅游公路，构建"一廊、三环、四片"的旅游发展格局。

"一廊"：规划依托沂河滨河旅游公路，串联沂河沿线生态景观、旅游乡镇、公共设施与优势产业等要素，体现自然风光与城市、乡村生活的融合，结合鲁山湿地、天湖旅游度假区、牛郎织女景区等主要节点，推动以沂河主题旅游带为纽带，以河道治理、绿道建设为抓手，全面构建一条"水域生态景观带、生活文化带和产业集聚带"。

"三环": 即三个旅游片区内的环线交通, 串联片区内部旅游资源。

1. 北部大鲁山生态旅游环

联合博山, 共筑大鲁山生态旅游区。规划提升省道S236（博沂路）、省道S237、县道X007以及乡道Y015等区域性干线公路沿线的基础设施和旅游服务配置水平, 通过绿化造林、主要互通口景观节点改造和沿线乡村、田园风貌整治, 整体提升道路沿线景观风貌, 打造大鲁山旅游环线。整合鲁山国家森林公园、鲁山溶洞群风景区、龙凤谷生态园、神农药谷、九天洞景区等旅游资源, 串联沿线美丽乡村、生态农林等资源, 塑造差异化旅游产品, 构建"森林氧吧·生态康养"主题旅游环线（见图5.17）。

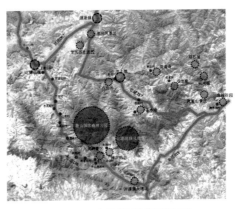

图 5.17　沂源旅游发展格局

2. 中部爱情文化旅游环

重点培育牛郎织女景区, 结合周边旅游项目的开发, 打造沂源特色旅游区。规划依托燕山路、南崔线、县道X031与县道X034构建文化旅游环线，串联牛郎织女景区、双马山、翠屏山等重要节点。围绕"牛郎织女"爱情文化主题，重点策划针对老中青情侣群体的项目和活动，再演绎蓝桥会等民俗传说故事和樱桃、苹果、桃花等爱情水果，做好相亲文章、新人文章、蜜月文章、夕阳红文章，从品牌塑造、营销推广上着力，打造中国家喻户晓的爱情体验地和沂源全域旅游的第一品牌。

3. 南部禅修康养文化旅游环

规划整合省道S332等部分乡村道路，以九顶莲花山为核心龙头景区，串联东安古城遗址、扁扁洞古人类生存遗址、铜陵关齐长城遗址、闵仲书院、铜陵湖水利风景区、唐山世界级摩崖石刻古迹及禅花村等资源景区，与天上王城景区共同构建资源互补、统筹联动的旅游发展态势，完美展现和演绎自然的神奇造化与人类的巧夺天工（见图5.18、图5.19）。

图 5.18 中部旅游换线示意

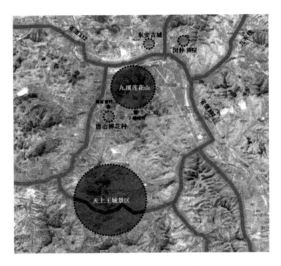

图5.19　南部旅游环线示意

"四片"：包括以鲁山景区以及凤凰山景区为核心的北部
片区；以燕崖牛郎织女、双泉村、双马山为核心的中部片区；
以东少林、天上王城为核心的南部片区；以杨三峪等为核心的
东南片区。

（1）北部片区——"自在山水养生区"

以鲁山景区以及凤凰山景区为核心，打造以"生态康养、
文化禅修、登山运动、地质科考"为主题的生态体验、科教研
学旅游基地，进一步推广乡村文化保护、农林经济振兴、植树
造林等主题性活动，把鲁山森林公园建设成为一处理想的成长
式大自然学校。同时，积极谋划建设紫竹林温泉养生村、神农
药谷、云水瑶等景区，将北部片区打造成为以"中医药养生休
闲"为主题，集特色旅游观光休闲与中药养生保健服务于一体
的现代旅游度假区。

（2）中部片区——"爱情主题旅游区"

以燕崖牛郎织女、双泉村、双马山为核心，重点策划牛郎民俗文化村、牛郎庙、天河上街乡村夜吧、爱情公寓及织女山康养度假区。以牛郎官庄村为核心支撑项目，强化以"农耕、农事"为主题的旅游体验内容建设，突出活动参与性和趣味性。同时，围绕双马山打造"观生态、悟自然、享生活、沐心灵"的生态型旅游度假区，重点策划建设彩带山、天马牧场、爱情岛、沐心居、禅修堂、手工坊、艺术家村落、乡村记忆农耕博物馆、高尔夫练习场等重点项目。

（3）南部片区——"历史文化体验区"

以东少林、天上王城为核心，重点提升九顶莲花山、唐山禅花村、"闵仲书院"国学馆、鲁中桃花源等重点景区的旅游服务配套设施，依托佛教、禅宗文化资源打造主要面向中老年市场的禅修养生体验中心、禅意SPA会所。每年定期举办祈福大会，提供素斋、抄经、听法、礼佛、经行等各类活动与服务，着重禅意营造，为游客提供一种与众不同的禅意养生度假休闲体验。

（4）东南片区——"养生运动体验区"

以杨三峪养生度假村为核心，重点培育形成张良寨露营基地、扁扁洞研学基地、铜陵湖水上乐园、牛寨沟野生动物园、之间农场及双义农庄等"运动、康养"主题鲜明、设施完善、特色突出的旅游项目，将健康养生体验、军事拓展训练、人类文明探索及亲子主题等结合起来，打造养生运动主题旅游片区。

5.8 县域综合交通规划

5.8.1 道路交通现状

1. 公路

截至2015年年底，沂源县域境内共有1条高速公路，6条省道，公路通车里程达到689千米，其中，省级公路、县级公路和乡级公路通车里程分别达到199.2千米、278.4千米和205.1千米。县域内"四横六纵"的干线公路网基本建成，通过主要公路的改扩建工程，改善了沂源至莱芜、博山、临朐、新泰、蒙阴、沂水等地的对外交通条件（见表5.17）。

（1）高速公路

济青高速公路南线是国家高速公路网规划布局中青岛至兰州高速公路的重要组成部分，也是山东省规划的"五纵连四横、一环绕山东"高速公路网中"一横"的主要路段，穿越沂源县5个乡镇、81个行政村，并在鲁村、沂源、沂源东、张家坡设有四个出入口。设计车速为100千米/小时，路基宽33.5米，淄博境内包括特大桥1座、大桥20座、中桥15座、小桥3座、隧道3座，互通立交4处。

（2）国省干线公路

沂台线（沂源—台儿庄）、博沂线（博山—沂水）、临仲线（临朐—仲宫）、薛馆线（薛家岛—馆陶）、韩莱线（韩旺—莱芜）、博草线（博山—草埠），计196.5千米，其中水泥混凝土路面24.4千米，沥青混凝土路面172.1千米，桥梁125座。

表 5.17　沂源县域主要干线公路一览（截至 2015 年底）

道路名称	道路等级	路长（千米）	路宽（米）	车道数	路面结构
G22青兰高速	高速	58.12		6	沥青
G341胶海线（原薛馆线）	二级	44.49	10—27	2	沥青
S229沂邳线（原博沂线）	二级	43.66	12—15	2	沥青
S231张台线（原博沂线、沂台线）	二级	48.91	9—16	2	沥青
S234惠沂线（原韩莱线）	二级	40.22	9—16	2	沥青
S232张鲁线（原博草线）	二级	9.8	9	2	沥青
S317临历线（原临仲线）	二级	12.15	9	2	沥青
南悦路	二级	8.94	16	2	水泥混凝土
淄中路	二级	43.52	12	2	沥青混凝土
芦董路	二级	4.93	10	2	沥青混凝土
草齐路	三级	14.68	12	2	沥青混凝土
南崔路	三级	32.34	12	2	沥青混凝土
九东路	三级	15.59	11	2	沥青混凝土
土鲁线	四级	4.98	16	2	沥青混凝土
东柳路	四级	23.03	13	2	水泥混凝土
石香路	四级	13.65	8	2	水泥混凝土
鲁沟路	四级	9.90	8	2	水泥混凝土
西徐路	四级	13.06	7	2	沥青混凝土
新保路	四级	10.16	6.5	2	水泥混凝土
白杨路	四级	28.26	6.5	2	水泥混凝土
燕中路	四级	12.47	6.5	2	水泥混凝土

（续表）

道路名称	道路等级	路长（千米）	路宽（米）	车道数	路面结构
韩金路	四级	14.76	6.5	2	水泥混凝土
曹姚路	四级	13.09	6	2	水泥混凝土
滑龙路	四级	9.50	6	2	水泥混凝土
鲁四路	四级	15.92	6	2	沥青混凝土
巨东路	四级	7.99	6	2	水泥混凝土
三九路	四级	15.99	6	2	水泥混凝土
上大路	四级	14.27	6	2	水泥混凝土
刁石路	四级	25.17	5.5	2	水泥混凝土
娄龙路	四级	7.91	1	2	水泥混凝土

（3）客货运站场

沂源县城目前有汽车客运站1处，为沂源县长途汽车站，是目前沂源县主要客运枢纽，目前已开通沂源至济南、淄博、临沂、泰安、潍坊、青岛、莱芜等城市的客运班车，主要为服务省内地区客货运输和县市间的长途换乘。客运站占地面积0.041平方千米，建筑面积13200平方米。各乡镇汽车站均位于各镇驻地，多为长途及乡村客运公用客运站。

沂源县现状除长途汽车站内的一处物流中心外，其他区域没有形成规模的物流中心和货运站场。

2. **铁路**

在铁路建设方面，连接山西、河南、河北、山东四省的煤炭运输通道（瓦日铁路）建成通车，在沂源县境内分设三等客运站、货运站。沂源火车站的建设开通极大地提升了沂源区位交通条件，促进交通业、物流业和工商业发展。

5.8.2 存在的主要问题

（1）过境货运与城市生活交通矛盾较为突出。G341胶海线（原薛馆线）穿城而过，给县城带来大量的过境货运交通，造成公路客货交通与城市生活交通相混杂，城市交通拥堵严重。因此中心城区的城市道路交通规划应重点强化对过境货运交通的疏散，逐步摆脱城市交通对公路通道的依赖，避免过境货运交通穿城而过，减少与城市交通之间的冲突。

（2）部分乡村道路通行条件不佳，仍需改造升级。沂源县受自然地形条件限制，县域外围乡村路网相对稀疏，尤其从县城至东里镇、西里镇和三岔乡等部分乡镇、村庄的道路等级不高，通行条件欠佳，交通联系强度较弱。

（3）旅游交通组织亟待提升。目前，沂源县域内旅游资源的空间分布较为分散的特点决定了游客主要以周边县市自驾游游为主。尚未形成以县城为核心的旅游交通集散中心，极大阻碍了县域旅游业的发展。

5.8.3 发展目标与策略

1. 发展目标

发挥沂源县山东省几何中心、淄博南部门户的区位优势，强化公路、铁路和物流枢纽设施建设，打造面向区域、联动鲁中山区的现代化综合交通体系，形成对外便捷贯通、对内城乡通达的交通新格局，把沂源县建设成为联动济南都市圈与青岛都市圈的复合型交通枢纽。

2. 发展策略

建立与区域高效连接的对外交通系统，提升沂源区域性物流枢纽地位。建立以高速公路、铁路为骨干，国道、县道为支撑，整体协调发展的运输体系。强化铁路、公路货运枢纽联动建设，调整干线公路路由，增强交通干道与区域性物流枢纽的连通性，提升沂源对周边地区的辐射带动能力。

完善城乡道路交通网络，引导城市发展格局优化。强化县域"高速十字+县城放射"的交通复合走廊，提高县城的辐射能力，为城镇功能的集聚创造良好的交通可达性环境，建成功能完善、等级匹配、畅通、高效、安全的城市道路网络系统。基本建成适应县城不同功能定位、土地利用布局、交通需求特点的主、次干路网络；密度充分、级配合理的支路网。城区内机动车平均行程车速不低于30千米/小时，道路网的运行状况始终维持在合理的水平。建设与道路容量相匹配的停车系统，协调动静态交通平衡。

以公交优先为导向，构建多方式协调发展的一体化公共交通体系。初步形成以地面常规公交为主体、地区支线公交为补充，多方式分工协作、协调发展的一体化公共交通运输体系。基本建立与公共交通网络和对外交通枢纽布局紧密结合、功能和等级分明的交通换乘枢纽体系，如，衔接郊区公交网与县城公交网的城乡交通协调枢纽、以对外客运换乘为主的重要客流集散枢纽、与地区中心或主要公交走廊交汇点结合的地区公交换乘枢纽。

优化交通环境，倡导绿色交通方式，引导机动化交通方式的合理发展。优化沂源步行及自行车交通出行环境，推进公共自行车系统发展，推进可持续发展的交通模式。积极落实公共交通优先发展政策，构建多方式协调利用的优质客运服务系统，提升公交服务水平和出行结构。至规划期末，沂源县95%以上居民，在县城通勤单程出行时间不超过20分钟，在全县域通勤单程时间不超过30分钟。

5.8.4 综合交通规划

1. 公路网

市域公路网规划分为三个层次，分别为高速公路网、干线公路网和城乡公路网。干线公路网以省道为基础，技术等级原则上为二级公路以上；城乡公路网以县道为基础，技术等级原则上为三级公路以上。

依据《山东省高速公路网中长期规划》《淄博市综合交通规划》以及现有公路网的运输结构特点，规划形成沂源县"十字+放射"的干线公路网，构建30分钟县域公路交通圈。

（1）第一层次：打造"十字形"高速公路骨架

规划在现状青兰高速公路（东西向）的基础上，新建沾沂高速公路（南北向），从博山区引入，经悦庄镇、中庄镇、西里镇和东里镇连接沂水县。分别在悦庄镇东部、县城东部和西里镇设置3处高速互通口。

（2）第二层次：放射干线公路

规划重点改造提升淄中路等县域交通干线，缩短县城至南鲁山镇北部和东里镇南部等部分偏远地区的通达时间，提升沂源县城至各镇的公路通行能力，构建县域半小时交通圈。

2. 铁路

现有瓦日铁路是连接我国东西部的重要煤炭资源运输通道，世界上第一条按30吨重载铁路标准建设的铁路，国家中长期铁路网规划的重要组成部分。瓦日铁路对于提高山西中南部地区煤炭外运能力，优化运输结构，降低运输成本具有极大地推动作用。

瓦日铁路为双线电气化，设计时速为120千米，以货运为主，兼顾部分客运功能。

规划在现有瓦日铁路沂源火车站场的基础上，新增东里站场（东里镇）。规划加快完善沂源火车站客货运接驳及仓储物流配套设施，提高沂源县对外交通设施条件，推动沂源全面融入大区域发展网络。同时，进一步实施沂源火车站周边地区环境整治和景观风貌提升工程，加快建设城市门户型窗口，服务于沂源经济社会发展需要。

规划远期对接鲁中高铁，在儒林河北部设站。

3. 城乡公共交通

顺应沂源城乡联动发展态势，以城乡居民出行安全、便捷、优惠为出发点，通过整合现有城乡客运资源、优化公交运营模式、调整公交线网布局、扩大公交覆盖面、提升公交服务质量等措施，逐步构筑起与沂源城乡经济社会发展水平、人口规模相适应的城乡一体的公共交通服务体系，满足城乡居民的出行需求。

规划构建与城市化进程和道路建设相适应的公交线网体系。至规划期末，实现城乡公交出行分担率达到20%以上，城乡之间实现"镇镇通"覆盖率达到100%，规划中心村实现"村村通"覆盖率达到100%，一般行政村覆盖率达到85%以上。

第一，构建统一的城乡公交运营网络，形成以主城区为中心的辐射状公交线路网，强化沂源县城中心区与鲁村镇、南鲁山镇、大张庄镇、中庄镇、西里镇、东里镇和张家坡镇的公共交通联系，以各城镇客运站为乡村客运集散点，开通连接各中心村，形成覆盖行政村的辐射线路，提升城乡公交的服务水平。

第二，县域内统筹优化布局公交线网和场站，达到"一镇一站、一村一亭、一站一牌的建设要求，增加班车的密度，提高公交准点率，方便群众乘坐。按照一体化规划、合理化布局、标准化建设的原则，针对不同镇街属性及客流特点，规划建设经济实用、布局合理、方便群众的农村客运站。

4. 旅游交通环线

以整合要素为导向，重点打造县域"一带三环"的旅游公路（见图5.20）。

一带：依托沂河滨河旅游公路，串联沿线旅游景区、美丽乡村及旅游服务城镇等要素，构建一条"水域生态景观带、生活文化带和产业集聚带"。

第一环：提升省道S236（博沂路）、省道S237、县道X007以及乡道Y015等公路的设施配套和景观风貌，整合森林公园、溶洞风景区、美丽乡村等资源，塑造差异化旅游产品；增加旅游服务配套设施，优化服务水平；联合博山，共筑大鲁山生态旅游区，打造大鲁山旅游环线。

第二环：构筑燕山路、南崔线、县道X031与县道X034的旅游环线；串联牛郎织女景区、双马山、翠屏山等重要节点；重点培育牛郎织女景区，结合周边旅游项目的开发，打造沂源特色旅游区。

第三环：依托省道S332，建设升级东里镇西部县道乡道，形成串联东里镇九顶莲花山、东安古城等主要景区的环线路网，依托天上王城景区，通过旅游环线的建设，带动沂源人文资源景区的发展。

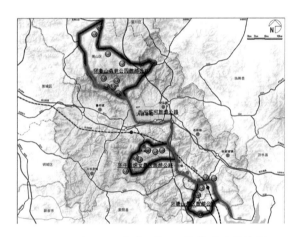

图5.20　沂源县域"一带三环"旅游交通格局

5.9 县域公共服务设施体系规划

5.9.1 规划原则

发挥政府的主导作用，加大社会服务设施建设的投入，尤其农村地区各镇村的公共设施建设。

统筹安排城乡公共服务设施，保证城乡居民享受均等的基本公共服务。

结合交通网络和公交站点布置公共设施，提高其可达性。

5.9.2 规划目标

公共服务设施规划要符合未来城乡总体格局及发展路径的转变，要符合现代城市需求，要从"以人为本"的角度出发，建立体系完善、功能齐全的，满足各阶层居民物质、文化、精神生活需要的公共服务设施网络。具体目标如下：

第一，在县域范围内推进基本公共服务均等化，缩小甚至消除城乡间、区域间、不同人群享受基本公共服务的差距，确保每一个公民能够平等享受公共服务。围绕缩小城乡差距，构建城乡和谐社会的目标，建立城乡均等化的公共服务体系。

第二，统筹配置社会服务资源，优化城乡各级公共服务设施网点布局。明晰公共服务等级，建立完整服务体系，完善公共服务设施布局。合理确定各类公共设施的规模与分布，形成分工合理、功能明晰的各级各类中心，加快"城郊向城区集中、镇郊村向镇驻地集中，自然村向中心社区集中"，构筑城乡建设一体化的格局。

第三，强化县城的区域带动和辐射职能，完善城镇服务功能；健全完善县城公益性公共服务设施，满足人们日益增长的物质和文化需求，全面提升生活品质。

5.9.3 公共服务中心体系

全县建设形成"县城—镇区—中心村"三级的公共服务

设施体系。统筹配置各类资源，满足城乡基本公共服务均等化需求。

（1）县级公共服务中心由县城公共服务中心组成。

（2）规划1处片区级服务中心，即东里镇服务中心，依靠良好的区位条件以及优良的服务设施现状，逐步形成具有片区服务能力的服务中心，辐射本县周边及部分外县村镇。

（3）规划9处街镇镇级服务中心，分别为鲁村镇公共服务中心、南鲁山镇公共服务中心、悦庄镇公共服务中心、燕崖镇公共服务中心、大张庄镇公共服务中心、中庄镇公共服务中心、西里镇公共服务中心、张家坡镇公共服务中心以及石桥镇公共服务中心。

（4）结合中心村及特色村布局，规划47处村级服务中心。

参考《村镇规划标准》等国家相关规范，"十五"国家攻关计划、小城镇发展课题之七《小城镇区域与镇域规划导则研究》等研究材料，确定沂源县社会服务设施配套标准。

公共服务设施宜集中在位置适中、内外联系方便、服务半径合理的地段。使用功能相融的设施，可综合设置，以利于提高规模效应和土地的集约使用。

规划城镇的社会服务设施如表5.18所示。

表5.18　城镇不同等级基础公共服务设施配套

类别	项目名称	区级	社区级	备注
公共教育	完全小学	●	●	属必设公益型设施，主要由政府建设。集中与分散相结合布置
	初级中学	●	○	
	高级中学、职业中学	○	—	

（续表）

类别	项目名称	区级	社区级	备注
文化体育	大型文化设施（包括青少年活动中心、老年活动中心、影剧院等）	●	—	视具体情况选设，兼有政府建设和社会力量参与建设。集中与分散相结合布置
	综合文化站（包括文化站、展览馆、博物馆、广播站等）	○	●	
	体育场/馆	●	○	
	灯光球场	○	●	
福利	福利院	●	—	视具体情况选设，兼有政府建设和社会力量参与建设。集中与分散相结合布置
	敬老院	—	○	
医疗卫生	综合医院（中心卫生院、防疫站等）	●	—	允许具有合法资质的人员开设私人诊所。分散布置
	卫生院（包括所、室、计划生育指导站等）	—	●	
商业服务	住宿	●	○	视具体情况选设，主要鼓励社会力量参与建设。分散布置
	休闲娱乐设施	●	○	
	旅游购物街	○	—	
集贸市场	小商品批发市场	○	—	选设型设施，鼓励社会力量参与建设
	禽、畜、水产、副食、蔬菜市场	●	●	
	各种土特产市场	○	○	

备注：●—应设，○—可设

规划乡村的社会服务设施如表5.19所示。

表5.19　乡村不同等级基础公共服务设施配套

类别	项目名称	中心村	一般村	一般规模 （平方米）	备注
行政 管理	村委会	●	○	300—500	可综合设置
商业 服务	综合店	●	●	200—300	可综合设置
	便民店	●	○	100—150	
	微型农贸市场	○	○	150—200	
	理发店	●	○	50	
	饮食店	●	●	100—150	
	储蓄、邮政站	○	○	50	
文体 教卫	托儿所、幼儿园	●	○	300—500	
	小学	●	—	500—1000	
	初级中学	○	—	1000—2000	
	卫生站	●	●	50	
	儿童游戏场	●	●	80—150	
	文娱多功能厅	●	●	250	
社区 服务	老年活动室	●	○	70—100	可综合设置
	青少年活动室	●	○	100—150	
	托老所	○	○	200—250	
	社区服务站	○	—	100—150	
公共服务设施服务范围		3千米	1千米		

备注：●—应设，○—可设

5.9.4 公共教育设施

1. 现状概况

沂源县坚持把教育作为最大的民生，不断推动教育事业持续健康发展。2016年全县中小学入学率达100%，高中段教育普及率达97%。全县不断优化教育资源布局，改善农村办学条件，提高综合教学质量，先后获得了"全国偏远地区远程教育示范县""全省实施素质教育实验县""全省基础教育工作先进集体"等称号。

普通教育方面，沂源县现有公办学校81所，其中，高级中学3所、初级中学17所、小学61所。

职业教育方面，沂源县现有中等职业教育学校1所，为沂源县职业教育中心学校（简称县职教中心），建于1996年，占地面积150亩，建筑面积35000平方米，教职工330余人，在校全日制班50个，在校学生3200人，学校设有信息技术与机电应用、商贸与服务、艺术教育、服装设计、技工与技能培训五个专业群。沂源县职教中心现已发展成为包括职前教育与职后教育、中等教育与高等教育、全日制教育与业余教育、学历教育与短期培训于一体的综合性中等职业学校。

特殊教育方面，沂源县现有特殊教育学校1所，以聋哑人、弱智儿童（少年）中小学阶段的素质教育为主。

2. 存在的问题

（1）城乡教育发展不够均衡。农村学校硬件设施建设较为滞后，办学条件急需改善。

（2）城区中小学存在大班额现象。近年来，进城务工、经商人员日益增多，进县城学校就学人数逐年增加，随之出现较为严重的中小学"大班额"现象。虽然县委、县政府不断加大城区学校建设投入，但是城区学校建设仍然滞后于城镇化发展速度，城区义务教育段学校"大班额"压力日益加大。

（3）职业教育办学效益亟待提高。职业教育与沂源本地产业经济发展缺乏互补和支撑，学生的岗位实践能力、创新实践能力不足，校企合作、产教融合还需进一步加强。

3. 规划原则

（1）坚持"教育优先、适度超前"原则，做到全县教育体系与沂源县城镇化进程及城乡体系协调发展。形成中等职业院校、特殊教育、高中、初中、小学、幼儿园多层次的教育体系。

（2）坚持"统筹规划、协调运作"的原则，必须做到四个统筹，即为城乡统筹、中小学统筹、普职统筹和远近统筹。制订规划和实施规划均应把握全局，积极发展地方教育事业。进一步优化教育资源的配置，满足各年龄段学生就读的基本要求。

（3）坚持"因地制宜、稳步实施"的原则。必须立足实际，对不同地区、不同学校要区别对待。一要合理安排撤并，打破村村办学的"小而全"模式；二是对于中小学的布局调整，需与城乡居民点布局规划相衔接吻合，既要考虑全县域教育发展总目标，也要考虑各地地理、交通、经济水平及社会文化历史传统等因素。

4. 规划布局

（1）逐步推进"高中结合新城、新区建设布置，初中结合居住区、镇驻地布置，小学结合居住小区、镇驻地、中心村布置"的教育设施集中布局规划。在全县域范围内统筹配置中小学教育资源，满足城乡全体居民接受平等、优质教育的需求，完善基础教育设施空间布局，确保学生就近入学。

规划引导老城区初高中、小学教育资源向儒林河新区、悦庄镇片迁建疏解，加快儒林河新区教育基础设施配套建设。规划新建高中应以寄宿制学校为主。规划县城区初中服务半径1000—2000米，原则上3万—5万人以上的乡镇可设1—2所初中，3万人口以下的乡镇设1所初中。规划县城区小学服务半径500—800米；镇驻地小学服务半径800—1000米；中心村小学服务半径2500米。对农村边远山区、交通不便地区应适当保留小学和教学点。各乡镇加强对幼儿园的投入，重视农村学龄前教育。相应完善寄宿设施或专门的公交体系，均衡布置基础教育设施，保障绝大多数居民能够就近入学。

（2）规划依托沂源职教中心积极发展职业教育，结合生物医药、新材料、新能源和生态旅游等特色产业发展，培养服务于沂源经济产业发展所需的人才，推动产业转型升级。

（3）规划扩建聋哑学校，打造省级规范化特殊教育学校，完善特殊教育体制。

5.9.5 医疗卫生设施

1. 现状概况

近年来，沂源县医疗卫生事业取得了显著成就，覆盖城乡的医药卫生服务体系基本形成，疾病防治能力不断增强，医疗保障覆盖人口逐步扩大，卫生科技水平迅速提高，人民群众健康水平明显改善。目前，沂源县共有各级各类医疗卫生机构

968家，其中，县级医疗卫生机构5家、乡镇卫生院12家、社区卫生服务机构9家、城区个体诊所83家、村卫生室860家。

2. 存在的问题

（1）沂源县卫生人才严重匮乏，医疗服务能力不强。对比《山东省医疗卫生服务体系规划纲要（2015—2020年）》中对淄博市的指标要求，每千人拥有医师数量为3.05人、护士为3.81人、公共卫生人员为0.83人。按此标准计算，目前沂源县医疗卫生行业共缺2212人，医疗卫生技术人员缺口较大，直接制约了沂源医疗卫生城乡均等化发展。

（2）沂源县现状医疗服务承载能力不强。《山东省医疗卫生服务体系规划纲要（2015—2020年）》中淄博市2020年的指标要求床位数配备标准为6.9张/千人。而沂源县目前实际开放床位1806张，床位数指标仅为3.2张/千人，与相关标准要求存有较大差距。业务用房以及床位数已经成为制约沂源医疗服务能力提升的重要因素。

3. 规划原则

（1）医疗卫生设施坚持"控制总量，调整结构，完善功能，满足需求，提高效益"的基本原则。积极调整现有医疗机构布局和床位分布，充分发挥现有卫生资源的效益，均衡发展各级医疗机构，在人人享有初级医疗保健的基础上进一步提高医疗卫生服务水平。

（2）在中心城区逐步形成以一级综合医院为基础，以三级综合医院为龙头，以各类专科医院为补充的城市医疗服务体系。推进县、乡镇（社区）、村基层医疗卫生服务体系建设，不断壮大社区卫生服务机构力量。完善公共卫生服务体系。

4.规划要点

（1）规划进一步完善"县城—镇区—中心村"三级医疗卫生服务体系，即按照"县级综合医院—街镇级卫生院—社区医院（村卫生室）"配置，打造"10分钟"城乡就医圈。

（2）县城应结合规划儒林新区建设，完善综合医院、专科医院、妇幼保健院、老年人康复中心等县级医疗设施的配置；整合县城现有医疗资源，促进现有二级以下各类医院向专科医院和社区医院转变，提升整体的医疗服务水平。加强社区卫生服务设施建设，每3万—5万人设置一所社区医院，可结合居住区服务中心设置。在社区医院覆盖不到地区，可按1000—2000米设置社区卫生服务站。

（3）结合各街道、镇驻地规划次一级卫生机构。对于规模较大的乡镇，可根据服务半径，结合中心村，建设中心卫生院分院。规划对现状11所街镇卫生院进行扩容改建，达到街镇级医疗设施的建设标准。重点加快东里和悦庄卫生院综合楼建设，使其成为分担县城医疗服务压力，城乡医疗条件均等化的重要节点。

（4）加强社区卫生服务设施建设，每3万—5万人设置一所社区医院，可结合居住区服务中心设置。在社区医院覆盖不到的地区，可按1000—2000米设置社区卫生服务站。

（5）加强卫生人才队伍与医疗设备配置，每年计划引进卫生专业技术人员100人左右，不断充实和壮大卫生队伍，提高医疗服务能力。提升沂源医疗机构的设备装备水平，引进大型医疗设备，更好地为群众健康服务。

5.9.6 文化设施

1. 现状概况

沂源目前已基本建成县城、街镇、村三级文化设施体系。其中沂源县文化中心（包括博物馆、文化馆、图书馆、展览馆、书画院等）即"四馆一院"，占地面积120亩，总投资1.2亿元，是沂源历史上规模最大、投资最多的文化基础设施建设工程。沂源博物馆位于沂源县鲁山路文化苑三楼，总面积2526平方米，基本陈列是文物精品展，重要展品有最早的山东人——"沂源猿人"头盖骨化石，2000全国十大考古工地——沂源县西鱼台遗址出土的大批青铜器重器等。

全县现有12处镇（办）综合文化站，但通过省三级站及以上验收的仅有5处，现状镇级文化活动设施均存在用地被挤占、缺乏活动用设施、缺乏工作人员的问题，未能满足人民群众的日常文化活动的需要。

全县共有村（社区）综合性文化服务中心633处，但能提供文化用房、图书室等设施的仅有72处（依据2015年摸底调查），出现了"全覆盖"但"不运转"的情况。

2. 规划目标

以彰显沂源特色和展现现代文明为出发点，按照基本公共服务均等化的要求，统筹城乡文化设施建设，构建与沂源经济社会发展水平和城市功能定位相适应、覆盖城乡、结构合理、功能健全、实用高效、群众满意的现代公共文化设施网络体系。

3. 规划要点

（1）在县域内逐步建成布点均衡、功能齐全的"县城—街镇—社区（村）"3个层次的文化设施服务体系，积极完善县级文化服务设施，改善现有镇区、乡村等基层文化设施条件。

（2）规划建议在儒林河新区高标准新建美术馆、青少年宫、影剧院、会议会展中心等文化设施，打造一批特色鲜明的文化传播和输出基地。

（3）结合各街道驻地、镇驻地，建设现状综合文化站，规划升级扩建9处街镇级文化综合服务区，重点完善各类活动中心的配置。

5.9.7 体育设施

1. 规划目标

（1）继续坚持群众体育和竞技体育协调发展，增强群众体育意识，开展全民健身运动，不断提高居民素质，多渠道筹集资金，改善体育设施。规划期内人均体育场地占地面积达到山东省或全国平均水平。

（2）进一步完善全县体育基础设施体系，确保县级、镇街级和社区（村）级体育设施用地要求。重点加强人口聚集度高，体育服务设施需求量大的城区街道和重点城镇区体育设施建设力度，推动中小学体育设施向社会开放使用，到规划期末，学校体育场地设施向社会免费开放比例达到30%，全县经常参加体育活动的人数达到总人口的50%以上。

2. 规划要点

（1）到规划期末，全县域逐步形成"市—街镇—社区（村）"3级相对健全，覆盖城乡的体育设施服务体系。大力完善县级体育中心建设，结合各街道、镇驻地建设全民健身活动中心。

（2）在县城按照中等城市规模配置建设体育场、体育馆、游泳馆等高等级、高品质体育运动设施。在有条件的公园、绿地、广场普遍配置体育健身设施，形成各类体育设施合理布局、互为补充、面向大众的网络化格局。

（3）完善街镇级体育设施，每个乡镇建设1个健身广场，每个街道建设1个小型健身中心。村庄体育设施应结合各村群众体育活动喜好，因地制宜，建设适合各村特点的体育活动场所。积极发展体育休闲旅游，建设一批体育休闲基地。

5.9.8 社会福利设施

1. 现状概况

目前，沂源县社会化养老服务体系逐步建立，全县共有城乡各类养老服务机构17个、床位2050张，每千名老年人拥有各类养老床位20.16张。全县58名孤儿的生活、医疗、教育、就业、住房得到保障。截至2015年底，实施了56处农村互助幸福院建设，目前已全建成38处，全县农村幸福院覆盖率达到了13%以上。

2. 存在的问题

（1）社会救助和社会福利整体水平不高，尚处在保障基本生活的层面。

（2）养老服务体系有待进一步健全完善，社区日间照料和居家养老服务水平低，不能满足人民群众日益多样化的养老服务需求。

（3）社区服务功能发挥不够，城乡社区建设水平有待于进一步提高。

（4）民政事业发展的体制机制不够完善，基层民政工作机构不健全，人员配备薄弱，影响了民政政策在基层的落实。

3. 规划目标

到规划期末，全面建成以居家为基础、社区为依托、机构为补充，功能完善、规模适度、覆盖城乡的养老、救助服务保障体系，民办和公建民营养老、救助机构占比达到85%以上，每千名老年人拥有养老床位40张以上，提供就业岗位100万个以上。

4. 规划要点

（1）加快构建"县级—街镇级—社区（村）级"三级社会福利服务体系。根据沂源县经济社会发展水平，积极应对人口老龄化，加快推进社会养老服务体系建设。构建以居家养老为基础、社区养老为依托、机构养老为支撑的养老服务体系格局。

（2）加强社会化养老服务机构建设。以社会福利服务中心、养老服务机构、老年护理院等为重点，推进城市养老服务设施建设。推动建设老年公寓，加快乡镇敬老院向乡镇社会福利服务中心拓展，加快推进农村互助幸福院建设。

（3）规划在县城内配置县级社会福利设施，重点推动老年活动中心、妇女儿童活动中心及老年大学等设施建设。结合社区服务中心，完善社区级社会福利设施的配置。

（4）以街道、镇为单元，实现老年敬老院的全覆盖，规划在鲁村镇、南鲁山镇、东里镇等城镇驻地新增街镇级敬老院。规划期末建成不少于10座公建民营敬老院。

5.10 县域重大基础设施规划

5.10.1 县域水资源利用规划

1. 自然地理特点

（1）降雨

沂源县水资源全部来自大气降水，没有客水资源。水资源的年际变化大，各年丰枯悬殊。沂源县历年平均降水量为718.5毫米。年内降水不均，春季占14%，夏季占64%，秋季占18%，冬季占4%。7—8月份降水量最集中，占全年降水量的51.7%。

受地形影响，北部山区、东南部沂河谷地为多雨区，东里一带年均降雨808.5毫米，较全县年均降雨多117.6毫米。鲁村洼地为少雨区，包家庄一带年均降雨660.5毫米，较全县年降雨量少30毫米。生态环境对降水影响也很大，鲁山、毫山等林场附近，年降水量偏多5%—13%。

田庄水库库区降水量比3000米以外的县城偏多27.6毫米。降水程度以7月份最大，平均14.9毫米/日；1月份最少，平均2.5毫米/日。年降水日数，历年平均86天，多雨年110天，少雨年72天。

（2）河流水系

沂源县境内沟壑纵横，河流发育，有大小河流1530条，全长3600千米。大多数为季节性河流。丰水期河水暴涨，地表水径流快，冲刷严重。枯水期，河流流量小，甚至断流，地下水下降快，易于发生干旱。

沂源县境内河流均为季节性河流，呈树枝状，是沂河、大汶河、弥河的发源地，分属淮河流域沂沭泗水系、黄河流域大汶河水系、淮河流域山东半岛诸河水系。主要河流共有17条。

沂河是本县的主要河流，发源于沂源县西部，在韩旺一带出境，又经沂水、沂南、兰山、河东、罗庄、苍山、郯城等县市，由郯城县的吴家道口流出山东省，在江苏省邳州境内流入骆马湖，全长386千米，流域面积11600平方千米，沂河在沂源县境内长度84.6千米，流域面积1462.5平方千米，该河段平均比降3.1‰，河床最宽处800米，最窄处百余米，平均宽度上游约145米，下游约353米。

由于沂河一直未列入流域面积200平方千米以上的中小河道治理工程中，也未列入独流入海河道治理工程，因此本项目列入沂河。

沂源县境内流域面积50—200平方千米，河道共16条，分别是石桥河、徐家庄河、螳螂河、红水河、南岩河、马庄河、白马河、高村河、儒林河、杨家庄河、五井石河、柴汶河、暖阳河、良瞳河、龙山河、辛庄河，在沂源县境内河道总长度248.98千米，基本属于山丘区河道（见表5.20）。

表5.20　沂源县主要河道基本情况

序号	流域	河流名称	河段长度（千米）	流域面积（平方千米）
1	沂河	石桥河	17	96.7
2	沂河	徐家庄河	27.76	170
3	沂河	螳螂河	28.48	143

（续表）

序号	流域	河流名称	河段长度（千米）	流域面积（平方千米）
4	沂河	红水河	25	97.3
5	沂河	南岩河	27	89.4
6	沂河	马庄河	18	92.3
7	沂河	白马河	23.08	109
8	沂河	高村河	22	52.4
9	沂河	儒林河	14	66.7
10	沂河	杨家庄河	15	49.8
11	沂河	暖阳河	23	133
12	沂河	良瞳河	15	58.2
13	弥河	五井石河	15.09	136.53
14	弥河	龙山河	19	83.1
15	大汶河	柴汶河	10.93	135
16	大汶河	辛庄河	34	209
合计			334.34	1721.43

2. 水资源概况

根据《淄博市沂源县水资源调查评价与配置研究》，全县多年平均年降水总量12.10亿立方米、水资源总量4.62亿立方米、可利用量2.26亿立方米，其中，地表水2.56亿立方米，可利用量1.03亿立方米；地下水2.06亿立方米，可开采量1.23亿立方米。淄博市属严重贫水区，淄博市人均占有可利用本地水资源量325立方米，仅为国际公认的1700立方米人均水平的1/5。沂源县人均可利用本地水资源量为403立方米，仅为国际资源警戒线的1/4。

（1）地表水资源

根据《沂源县水资源综合规划》，沂源县多年平均地表水资源量39288万立方米，保证率50%；地表水资源量33040万立方米，保证率75%；地表水资源量18925万立方米，保证率95%；地表水资源量6874万立方米。

（2）地下水资源

地下水资源量主要指与大气降水和地表水体有直接补排关系的矿化度小于1克/升的浅层地下淡水资源量。沂源县地下水资源量的计算根据《沂源县水资源综合规划》的研究成果，沂源县多年平均地下水资源量为20617万立方米，保证率50%；地下水资源量19223万立方米，保证率75%；地下水资源量14619万立方米，保证率95%；地下水资源量3720万立方米。

（3）水资源总量

水资源总量为地表水资源量与地下水资源量之和扣除相互转化的重复计算量。沂源县多年平均水资源量46183万立方米，其中，地表水资源量39288万立方米，地下水资源量20617万立方米，重复水量13722万立方米。

3．**水资源利用现状**

2015年，全县地表水实际利用量2541万立方米。其中，农业生产用水开发地表水1832万立方米；农村生活用水开发地表水123万立方米；工业企业用水开发地表水量441万立方米；生态用水145万立方米。

4．**水资源利用问题**

（1）水资源综合利用程度不高，水利设施亟待完善

城乡供水尚未实现成为支持经济社会可持续发展应具有

湿度超前的供给能力；水利工程维修不及时，不能良性运行；节水意识有待提升，用水计量设施不完善，水资源浪费严重；工业用水比例逐年攀升，用水效率有待提升，用水结构需要调整。

（2）水环境污染影响水资源利用

县污水设施匮乏，生产废水、生活污水、生活垃圾排放对水环境构成危害；没有切实可行的水源地保护措施。部分河道流量减少甚至出现季节性断流，引起河道生态环境改变，未得到充分重视，对地表水环境造成威胁。

（3）用水结构有待调整，用水效率有待提升

长期以来，沂源县水利主要为农业服务，行业用水结构不尽合理，农业用水量占相当大比例。近年来，农业用水比例一直超过70%，随着社会经济的发展，工业用水的需求量将增加，现状用水结构将很难适应未来的发展需求，应加强农业节水，调整全县用水结构。

5. 需水量预测

（1）城镇需水量

2035年，沂源县中心城区的城镇人口达到35万人，人均综合用水指标为230升/日，日变化系数取1.3，年需水量为2260万立方米。

（2）各级城镇

规划期末，沂源县各级城镇人口达到10.5万人，人均综合用水指标为180升/日，日变化系数取1.3，年需水量为553万立方米。

2035年，城镇需水量为2813万立方米。

（3）农村用水量

农村居民的供水条件为全日供水，室内有给水、排水设施且卫生设施较齐全。规划期末，农村人口共有19.5万人，人均综合用水指标取值110升/人·日，农村生活用水量为470万立方米/年。

（4）农业用水量

目前农业用水量为6100万立方米，而全市在规划期末耕地和林地面积只有小幅度的增加，园地、水域及水利设施用地等均未变化。由于农业节水力度越来越大，近年农业用水量逐年降低，未来农业用水将继续加大节水力度，因此，规划期末农业需水量维持现状。

（5）总用水量

综上所述，2030年，市域范围总需水量约为0.94亿立方米。

6. 水资源保护策略

（1）大力提倡"一水多用"，在水资源开发利用的过程中充分发挥水资源的多种功能。"一水多用"提高了水的重复利用率，是解决水资源日益短缺、水环境日益恶化的有效途径。

（2）做好节约用水的宣传教育，增强群众节约用水意识，走节水型路是今后必经之路。

（3）加强水环境保护，推广污水处理回用，将城市排放的污水净化处理达到农业用水或城市杂用水标准后，回用于农、林、牧、渔业，或回用于城市做低质杂用水，供冲洗厕所，消防用水，环境用水，绿化用水等。污水处理回用既可解决水资源日益紧缺的问题，又可减轻或消除环境污染，具有明显的社会、经济、环境效益。

（4）加强水工程管理，做好输水建筑物防渗、防漏工作，提高水利用率。

（5）制定用水定额，定时限量供应生活用水，暂停耗水量大、效益低的工业企业；强化蓄水工程的科学调度，压缩农业用水，保证城乡生活供水。

（6）适当开采地下水，补充城乡用水。当城乡供水水源紧张时，加大开采地下水力度。

5.10.2 给水工程规划

1. 给水现状

目前沂源县现状水源地主要有7处，分别为九龙泉水源地、城西北芝芳水源地、响泉—龙洞泉水源地、沂河大口井水源地、钓鱼台水源地、红旗水库水源地、天湖水源地，其中为中心城区服务的水源地主要有5处，总供水能力为3.6万立方米/日。

县域各城镇现状水源多为自备井。

2. 规划原则

（1）坚持水源自给的原则，以节水维持可持续发展；

（2）坚持水源优化配置的原则，促进当地经济快速发展；

（3）坚持可持续发展的原则，满足沂源县经济发展对水的需求；

（4）坚持污水资源化的原则，缓解水资源的不足；

（5）坚持城乡协调、资源共享的原则，科学开发水资源，促进水源的生态平衡。

3.规划目标

规划期内适度超前建设水源和供水工程，完善水源网络系统和城市供水系统；生活饮用水水质，达到同期世界卫生组织的饮用水水质标准。

4.给水工程规划

（1）水源配置规划

强化水源配置：污水再生工程。根据本地水资源情况，合理确定中水回用规模。

优化水源配置：根据城镇布局和水源位置，针对城乡用水情况，本着供水就近，重点突出的规划原则，对县域内水资源进行优化配置。

淡水水源——水库及已探明的地下水源主要作为沂源县中心城区、镇驻地和中心村的供水水源；其次，作为原服务范围之内的基层村和农业供水水源。

再生水源——沂源县的再生水源以就近供给城镇工业用水和生态环境用水为主，中心村和基层村的再生水源以供环境用水和灌溉用水为主。

（2）需水量预测

根据城市单位人口综合用水量指标，2035年取0.23万立方米/（万人·日），规划中心城区远期35万人，则最高日用水量为8.05万立方米/（万人·日）；

各镇镇区2035年取0.18万立方米/（万人·日），各镇镇区总人口远期规划10.5万人，最高日用水量为1.89万立方米/（万人·日）；

农村居民点用水根据城市单位人口综合用水量指标适当减少，2035年取0.11万立方米/（万人·日），最高日用水量为2.15万立方米/（万人·日）。

整个县域2035年最高日需水量12.09万立方米/日，平均日需水量9.3万立方米/日。

规划期末，各城镇及中心城区水厂总供水能力应达到12.09万立方米/日。

（3）供水设施规划

1）中心城区

水厂：保留现状中心城区历山水厂（设计日供水能力3万立方米/日）、现状综合净水厂（设计日净水能力3万立方米/日）。新建两处水厂，东部水厂及北部水厂。东部水厂已有建设意向，位置在三悦路与华山路南交叉口，总建设规模4万立方米/日，一期建设规模2万立方米/日。主要供应高新技术产业园工业企业用水。北部水厂主要为县城东部提供生活用水，供水能力8万立方米/日。

规划在燕崖镇新建红旗水库水厂，设施供水能力为1万立方米/日，主要为生活用水服务。各镇镇驻地均建一处净水厂。

给水泵站：规划保留自来水公司的加压站（设计日供水能力1.5万立方米/日）、历山水厂加压站（设计日供水能力3.0万立方米/日）、天湖工业供水站（设计日供水能力3.0万立方米/日）、保留城西深井水源内有供水一站、供水二站。规划新建加压站两处，一处位于迎宾大道以北、儒林河以东、鲁山路以北，主要为中心城区东部和经济开发区服务；另外一处为田庄灌渠加压泵站，近期供水能力4万立方米/日，远期供水能力达到7万立方米/日（供灌溉、工业、景观水系需水所用）。

2）城镇

规划新建红旗水库水厂，设施供水能力为1万立方米/日，主要为生活用水服务；各镇镇驻地均建一处净水厂。

（4）供水方式

沂源县中心城区、镇驻地采用集中供水方式，建设自来水厂和供水管网，进行一体化供水，统一调配，开发利用水资源；农村地区在有条件的农村居民点统一布置自来水管网，实行统一供水；在规模较小、位置较偏或地形条件不能满足布置管网要求的农村居民点，实行统一凿井取水或统一从河流、水库湖泊中取水，进行净化，以保证农民饮用水安全。

5.10.3 县域排水工程规划

1. 排水现状

（1）污水设施现状

现状除中心城区有两处污水处理厂之外，县域范围内无其他污水处理设施。

（2）县城生活污水特点

①沂源县城排水体制现状为雨污合流的排水体制，部分居住区、单位污水无组织排放，部分新建道路地区为雨污分流制。污水由管道进入污水厂，雨季时溢流污水排入沂河河道，造成了沂河水水质污染。

②老城区合流制地区尚未实施雨污分流，汛期合流水溢流后排放沂河，造成河道水环境污染。排污管网覆盖率较低，大多数支路和小区未建排污管网，部分污水未经处理直接排入河道，河道受到污染。排水设施的建设落后于县城发展，由此带来的排水问题影响了县城的持续发展。

③县城主要受纳水体为沂河、儒林河、螳螂河，其中沂河水体自净能力相对较强，水体污染现象较轻。部分污水直接排放到儒林河、螳螂河内，河道污染较严重，并缺乏相应的治理措施。

（3）农村生活污水特点

分布特点：分散、排放无序、处理率低。

水质特点：与中心城区污水相比，农村生活污水的污染物浓度相对较低，但污染浓度变化比较大，主要与用水量、生活习惯等有关。

水量特点：农村生活污水排放量与用水量密切相关，生活用水量因气候特点、经济条件、生活习惯等因素的差异而不同。由于生活污水自然排放，蒸发与下渗的损失量较大，污水排放量一般只占总用水量的45%左右。

2. 规划原则

（1）分散与集中相结合原则。结合地形，根据城乡布局的疏密关系，采取分散与集中相结合原则，合理确定污水处理厂的位置和数量，满足城乡发展的需求。

（2）发挥自然优势，降低工程投资。工程规划要合理利用当地的地形条件，尽量减少管线的敷设和管道的埋深，努力降低工程投资。

（3）坚持改造与利用相结合的原则。针对排水工程中存在的突出问题，根据城乡发展的实际需要，强化对原有设施的改造，使其趋于合理化、规范化，以满足城市排水的需要，最大限度的提高经济效益，避免不必要的浪费。

3．排水工程规划

（1）排水体制与标准

排水体制：中心城区及各镇驻地、新建用地实施排水系统雨污分流制，已建设用地有条件改造建设的也应实施雨污分流制。

排水标准：凡排入污水管道的城镇污水应符合《污水排入城镇水道水质标准》（GB/T31962—2015）的规定。凡排自然水体的城乡污水应符合《污水综合排放标准》（GB8978—1996）规定的一级A标准。

（2）污水量预测

根据农村污水排放量与城市污水排放量的不同特点，沂源县县域污水综合排放系数取0.8，预测到2035年污水总量为9.67万立方米/日。

（3）污水处理设施规划

中心城区：扩建现有污水处理厂，日处理能力达到10万立方米/日；增设再生水处理设施，增加污水循环利用率，为城市及工业园区的发展预留空间。

城镇：结合各镇城镇定位、产业职能、人口规模等因素，设置污水处理设施，负责处理镇及周边邻近村的污水。规划在东里镇（工贸型）、鲁村镇（工贸型）、石桥镇（工贸型）及南鲁山镇（旅游型）各布置一所污水处理厂，以满足城镇发展需要。

村庄：村具有分散且规模小的特点，污水处理设施布局难度较大，应根据实际情况设置相应级别的污水处理设施，例如，人工湿地污水处理池技术、沼气池、化粪池等。

5.10.4 县域电力工程规划

1. 现状概况

（1）电网概况

沂源电网位于淄博电网的南部，供电面积为1635.66平方千米，担负着56.5万人的供电服务任务。供电可靠率（RS—3）为99.935%；110千伏及以下线损率为4.7%；10千伏及以下线损率为4.64%；低压线损率为7.85%；综合电压合格率达到99.133%；一户一表率达到100%。

沂源电网是受电网，近几年全县负荷用电量持续稳定增长，2014年最高负荷309.12兆瓦，年供电量达到16.40亿千瓦时。

（2）电厂概况

沂源县境内共有发电厂（站）两处。沂源电厂为火力发电厂，装机容量68兆瓦，年发电量1.12亿千瓦时，上网电量1.1亿千瓦时，发电利用小时数1647小时，厂用电量0.89%，不属于统调。田庄水电站为田庄水库水力发电，装机容量1.89兆瓦，年发电量受季节和降水量影响较大，不属于统调。

（3）变电站现状

沂源电网是受电网，近几年全县负荷用电量持续稳定增长，

2014年最高负荷309.12兆瓦，年供电量达到16.40亿千瓦时。全县现有电厂1座，总装机容量83兆瓦。220千伏变电站2座，总变容量48万千伏安，供电公司所属110千伏变电站8座，总变容量71.2万千伏安，公用35千伏变电站16座，总变容量30万千伏安。此外，有多处用户自备变电站（见表5.21—表5.22）。

表 5.21　沂源县历年电力负荷和用电量情况一览

年份	最大用电负荷（兆瓦）	用电量（亿千瓦时）	人均用电量（千瓦时/人）	人均生活用电量（千瓦时/人）	农村居民人均生活用电量（千瓦时/人）
2010年	244.95	12.00	2441	498	282.72
2011年	259.58	12.70	2647	521	293.737
2012年	279.27	13.71	2713	555.6	328.84
2013年	295.39	16.18	2865	253.35	220.94
2014年	309.12	16.40	2904	276.02	238.36

表 5.22　沂源县域 35 千伏以上变电站一览

序号	变电站名称	位置	电压等级（千伏）	主变容量（兆伏安）	占地面积（平方米）
1	沂源变电站	中心城区西部	220	2*15	
2	悦庄变电站	中心城区东部	220	2*18	
3	荆山站		110	81.5	4800
4	唐山站		110	36	8724.36
5	儒林站		110	100	2380.78
6	东里站		110	63	6623.96
7	埠岭站		110	100	
8	前崖站		110	100	18890
9	沙沟站		110	100	2749
10	土门站		110	100	3400
11	韩旺铁矿变		110	32	——

（4）用电现状概况

沂源县在2005—2014年间经济迅猛发展，产业结构发生积极变化，经济实力大幅度提升，用电需求与经济发展呈现同步增长趋势，电网需求有了突飞猛进的增长。截至2014年，沂源县全社会最大用电负荷为309.12兆瓦，全社会用电量为16.4亿千瓦时。沂源县2005—2014年历史电量负荷数据如表5.23所示。

表5.23 沂源县2005—2014年历史电量负荷一览

年份	全社会最大用电负荷（兆瓦）	全社会用电量（亿千瓦时）	人均用电量（亿千瓦时/人）	人均生活用电量（亿千瓦时/人）	农村居民人均生活用电量（亿千瓦时/人）
2005	153.89	8.21	1347	225	152.14
2010	244.95	12	2441	498	282.72
2011	259.58	12.7	2647	521	293.73
2012	279.27	13.71	2713	555.6	328.84
2013	295.39	16.18	2865	253.35	220.95
2014	309.12	16.4	2904	276.02	238.36

2. 规划目标

（1）坚持"省网电为主，地方电补充"的电源发展思路，建立安全可靠的电力供应系统，电网建设要适度超前。推进节能工作，积极调整产业结构，重点发展能耗低、效益高的节能性产业。

（2）通过科学的规划，建设网络坚强、结构合理、安全可靠、运行灵活、节能环保、经济高效的城市电网，不断提高城网供电能力和电能质量，以满足国民经济发展和人民生活用电的需要。

（3）电力规划城市的各项发展规划相互配合，同步实施，做到与城市规划相协调。

（4）落实规划中所确定的变电站站址、线路走廊和地下通道等供电设施用地，为城市电力基础设施建设提供依据。

3. 电力工程规划

（1）用电量预测

2005—2014年沂源县的用电量平均增长率为7.0%，但个别年份变化较大，电力弹性系数的变化也很不规律，根据淄博电网发展规划，电力弹性系数将逐年回落，预计到2025年用电增长率在5%左右，2025—2035年在4%左右。

2035年需电量推荐采用37.4亿千瓦时（见表5.24）。

表5.24　沂源县2010—2035年沂源县用电增长率一览

年份	全社会最大用电负荷		全社会用电量	
	规模（兆瓦）	增长率（%）	规模（亿千瓦时）	增长率（%）
2010	244.92	7.89	12	12.5
2011	259.58	5.99	12.7	5.8
2012	279.27	7.59	13.71	8
2013	295.39	5.77	16.18	18
2014	309.12	4.65	16.4	1.4
2035	719.23	5	37.4	4

（2）变电站规划

根据沂源县现状变电站的容量，结合沂源县供电工程规划，规划保留现状变电站，近期对沂源变电站进行扩容，增加

180兆伏安变压器一座；近期新建220千伏西里变电站一座，位于沂源县东里镇前水北村东南约700米，石香路东约50米。

近期新建110千伏变电站7座，分别为110千伏葛庄变电站、110千伏消水变电站、110千伏古泉变电站、110千伏东安变电站、110千伏北刘变电站、110千伏苗山变电站、110千伏燕崖变电站；新建35千伏变电站4座，分别为35千伏紫荆变电站、35千伏流水变电站、35千伏刘家变电站、35千伏黎明站。

（3）电网结构规划

2035年，形成以淄博站、淄川站和临淄站3座500千伏变电站为中心的分区域供电格局，各自区域内220千伏供电的区域环网结构。形成以500千伏为主干、220千伏为支干的环状大型骨干高压走廊体系。

结合城市空间结构和整体布局，充分预留大型高压走廊，树立"先有走廊后有线路"的理念。高压电力架空线路应尽可能在规划的高压走廊内架设，高压变电站宜靠近走廊建设，避免因电网接线调整而改变走廊位置，保证城市规划的主动性。

5.10.5 县域电信工程规划

1. 现状总体

（1）电信设施

沂源县固定电话及宽带网络主要由两家公司经营：中国联通公司和中国电信公司。

沂源县移动通信由两家公司经营：中国移动公司与中国联通公司。

2011年，沂源县共有固定电话总量6.25万户（其中，中心城区固定电话总量7189户），主线普及率为11.2部/百人；移动电话总量36.31万户，移动电话普及率为64.8部/百人；公用电话3615部，公话普及率为6.5部/千人；宽带总量1.99万户，宽带普及率为2.8户/百人。

（2）邮政设施

沂源县现有县级邮政局1处，邮政支局16处，基本覆盖沂源县域。

（3）广播电视

目前，沂源县广播电视覆盖主要是采用有线方式。沂源县现有无线广播电视台、有线广播电台、有线电视台各1处，无线电视台3处，均位于沂源中心城区沂源县广播电视局院内。县内大部分村庄通有线电视。

2. 规划的原则

（1）可持续发展：实现市政基础建设可持续发展，管道规划充分考虑未来发展和所有电信线路的需要，合理预留管孔。

（2）服务发展：积极利用新技术、新工艺、新方法，建成一个有现代技术装备、多种通信形式、性能安全可靠的数字化电信网络，推广PON无源光纤网络技术，推动"三网"融合。

（3）公共政策：适应政府职能转变，体现公平、公开、公正原则，为电信系统建设提供科学依据和建设蓝图，打破垄断，促进电信市场的有序竞争，使电信更快捷，网络更畅通，广播电视更清晰，为公众提供一个高标准的信息平台。

（4）技术先进：从电信市场的实际出发，从经济角度入手，将几家电信运营商与广电网、传输网的规划合而为一，制定出科学、合理的开发步骤，使之稳步有序地建设和发展，同时具备很强的可操作性，对下一层次的规划设计、施工建设起总体上的指导作用。

3. 规划的目标

（1）对现有电信线路进行改造，尽量采用高科技、新设备，以大芯数光纤作为主要传输媒体，实现管道化、光纤化，并将光纤延伸到用户。为用户提供多种业务综合接入能力，为运营者提供综合的承载业务平台，实现接入网的数字化、宽带化、智能化，满足国民经济发展、社会信息化及人民生活对通信的需求。

（2）适度超前建设"集约化"通信设施，满足所有通信运营商平等竞争和各类信息业发展诉求。

（3）加快宽带城域网、电话网的网络建设，加快电子商务等网络应用系统的开发推广应用。

（4）综合协调邮电通信设施与其他设施建设，避免其他设施对通信网的干扰，保证通信线路安全畅通。

（5）紧密结合我国通信网的实际，尽量采用高科技、新技术、新设备，以及新兴多功能大容量交换设备。大力发展光纤接入技术，以光纤接入机房形式替代传统局所建设。

（6）远期将中心城区电信网络建成具有现代化技术装备，多种通信方式、多功能、安全可靠、优质服务的数字化电信网，通信总体水平力争接近国内发达水平。

4. 电信工程规划

（1）通讯设施规划

固定通信设施按照"多局所、小容量"的原则设立局点，适当增加模块局的密度。采用xDSL、PON接入技术，中心城区光缆网覆盖主要的街道和客户；镇驻地规划电信端局，中心村可设置电信模块局；农村光缆网覆盖所有的行政村。

近期实现3G改造，以后将根据覆盖优化和话务优化的要求，对交换机容量以及基站的数量进行扩容。完善通信管道系统，使各种通信线路在地下敷设畅通无阻，以满足各种信息需求。各类通信线路均敷设在通信管道内，管道容量按各类通信线路网远景发展需要确定。

（2）邮政设施规划

适当增加中心城区邮政局所密度，提供便捷、高效的邮政服务，规划近期保留现状邮政局和邮政支局，中心城区新增1处邮政支局和2处邮政报刊亭；远期新增邮政支局2处和邮政报刊亭2处。

加速农村邮政服务网点建设，每个居民点设置一个邮政服务网点，以满足居民用邮需求。

（3）广播电视设施规划

加快有线网络改造，进一步增加光节点数量，中心城区及镇驻地基本实现光纤到楼宇。逐步用有线光缆取代无线微波进行覆盖，实现光缆到村。加大数字电视推广力度，逐步增加有线电视网的节目套数，积极引进中央和省市的专业电视节目。

实现电视节目的多样化，丰富电视文化生活。尽快实施中心城区有线电视数字化改造，在部分有条件的村庄居民点实施有线电视数字化改造，满足城乡群众更高层次的收视需求。在规划期末实现有线电视"户户通"。此外，在有线电视专用网络中开设宽带综合业务数据网，实现一网多用，多功能发展。

5.10.6 县域燃气工程规划

1. 现状概况

各城镇和农村地区的燃料结构仍以燃煤和烧柴为主，液化气的普及率仅16%左右。中心城区气源为液化石油气和CNG压缩天然气两种，燃气普及率已达80.6%。

沂源县上游天然气来源是泰—青—威淄博分输站，天然气管线经淄博城市燃气有限公司淄博门站调压计量后，输送至沂源调压计量站。设计管径350毫米，日输气量146万标立方米。

现状县域范围内有8座液化气站和1处天然气门站。其中有4座液化气站位于中心城区内，其余4座液化气站分别位于东里镇、悦庄镇、鲁村镇和张家坡镇。

2. 规划原则

（1）天然气供应遵循"保证居民用户供气稳定，适当发展商业用户，控制工业用户发展，限制采暖及空调用户"的原则。

（2）遵循工业与民用结合、近期与远期结合，合理布局，统筹安排、分期实施的原则。

（3）积极拓展上游气源，积极扩大供气范围，提高城乡居民气化率。

（4）尽量满足已具备供气条件的商业用户用气（机关食堂、幼儿园、托儿所、医院、宾馆、饭店、酒店、学校、职工食堂等），逐步改造中心城区燃煤的热水炉，以天然气替代煤炭。

（5）为了改善环境，减少汽车尾气排放造成的污染，逐步将公交车、出租车、环卫车改为燃气汽车。

（6）燃气管网建设要选择有利地形，尽量避开不良工程地质段和施工难段。避开或减少通过城市人口、建构筑物密集区，减少拆迁量。尽量依托和利用现状公路，方便管道的运输、施工和运行维护。线路力求顺直，缩短长度，节省投资。

3. 燃气工程规划

（1）气源规划

中心城区气源：近期规划中心城区主要气源为CNG压缩天然气，辅助气源为液化石油气与管道天然气。远期规划中心城区全部使用管道天然气。

城镇气源：近期规划沂源县城镇气源主要为压缩天然气和液化石油气；远期规划沂源县城镇主要气源为管道天然气和压缩天然气，辅助气源为液化石油气。

村庄居民点气源：近期村庄居民点依托当地液化气站供应瓶装液化气；远期村庄居民点供气建议采用2种气源，一为瓶装液化气传统气源；二为沼气或秸秆气化气等生物质气源。

（2）输配设施

近期保留现状西鱼台村西侧门站1座、CNG储配站1处和液化气站5处（中心城区1处），中心城区内全面敷设天然气管网；在中心城区周边的悦庄镇和鲁村镇镇区建设燃气调压站；在东里镇和张家坡镇建设CNG储配站。新建2座液化气站，分别位于石桥镇和中庄镇。

远期规划在中心城区周边的3个镇（南鲁山镇、大张庄镇、燕崖镇）建设燃气调压站，形成以中心城区为中心的燃气环网；在3镇（石桥镇、中庄镇、西里镇）建设CNG储配站；新建5座液化气站，分别位于南麻镇、南鲁山镇、大张庄镇、燕崖镇、西里镇。

规划近期与远期共建设次高压B、中压A管网共103.7千米，最终形成半环次高压管线在南外环路，以南麻大街、健康路、润生路、东外环路四大纵，以迎宾大道—新城路、沿河东路—鲁山路到东外环、鲁阳路—荆山路—工业路三大横，在新老城区建成4个大的环网，基本覆盖全部规划区域。

（3）管网规划

燃气管网应统一规划，分期实施。进一步扩大完善城区中压燃气管网，并逐步向邻近乡镇延伸。燃气管道建设应符合规划要求并结合道路建设进行施工。

5.10.7 县域供热工程规划

1. 现状概况

现状中心城区热源主要由热电厂、集中锅炉房和企事业单位自备锅炉等多种热源组成；城镇及村庄居民点热源匮乏。

2. 规划原则

（1）大力发展集中供热，提高煤炭资源的的加工转换率，为实现节能减排创造有利条件。

（2）城区以热电联产热源形式为主要发展方向，做到统一规划、合理布局、热源建设与管网建设配套进行。

（3）乡镇驻地以区域供热锅炉房为主要热源形式，合理选址，尽快实现集中供热，改善居民生活条件。

（4）偏远农村地区根据自身条件，综合利用太阳能、煤炭、电、沼气、热泵等各种资源，实现分户采暖或连片供热。

3．热源规划

中心城区：规划热源以发展高参数、大容量热电联产机组热源为主，集中供热锅炉房等形式为辅。近期规划在现状热电厂原有基础上进行扩建。远期规划新建两处热源，一处为锅炉房，位于西外环与高速路交叉口附近的物流园区内，成为中心城区的第二热源；另一处为热电厂，位于东部经济开发区内。

城镇：以燃气锅炉房或地热源泵为主，实现基本集中供热。

村庄居民点：较为偏远的社区及居民点，规划建议因地制宜，利用自身资源条件，采取多种能源形式，发展分户采暖和连片供热。热源可以是分户式燃气炉、太阳能、电、煤炭、沼气及空气源（或地源）热泵。

5.10.8 县域环卫工程规划

1．现状概况

（1）生活垃圾设施

沂源县县城生活垃圾收集目前主要采用混合收集——袋装投放方式。居民将生活垃圾袋装化后投放到固定垃圾收集点，县城居住区、商业区、企事业单位及城市道路配备塑料垃圾箱、半地下垃圾收集箱、地坑垃圾收集箱及地面垃圾收集箱等垃圾收集容器，由县环卫部门专业队伍负责清运。中心城区及镇驻地生活垃圾收运方式有三种：一是塑料垃圾桶收集，统一运至生活垃圾转运站压缩后运至生活垃圾无害化处理厂；二是垃圾转运箱收集，统一运至生活垃圾转运站压缩后运至生活垃圾无害化处理厂；三是离垃圾填埋场近的片区，从各垃圾收集点直接运至生活垃圾无害化处理厂。中心城区居住小区内设置垃圾收集点，服务半径为50—70米，每天由专人定时清运。

乡村生活垃圾推行分类收集，循环利用。容器定时定点收集，集中到村垃圾转运箱，由镇统一运输到生活垃圾转运站，压缩后运至生活垃圾无害化处理厂。

现状沂源县域有一处生活垃圾填埋场，10处生活垃圾转运站。

（2）公厕

沂源县县城内目前现有公厕34座，公厕等级大多为二三类，分属不同部门管理。其中由沂源县市容环境卫生管理处负责直接管理的有13座，文化局1座，园林局7座，水景公园8座，其他社会管理5座。

沂源县县城每平方千米建设用地公厕分布密度为1.8座/平方千米，距离《城市环境卫生设施规范》中的3—5座/平方千米的标准有较大差距。

2.规划原则

（1）与沂源县城市性质、经济社会发展相适应，与城市建设协调发展。

（2）贯彻城乡统筹与基础设施先行的原则，与城镇及村庄布局相结合，保证环境卫生事业发展与社会经济发展、自然环境相协调。

（3）结合现状、统一规划、分步实施、近远期结合、适度超前。

（4）科学规划、合理布局、立足目前，着眼长远，推进城乡一体化建设，加快环卫设施的规模化建设。

（5）加强源头管理，注意资源回收与综合利用，逐步实行城市垃圾分类收集、分类运输和分类处理。

（6）环境卫生设施的设置应满足城乡用地布局、环境保护、环境卫生和城市景观等要求。

（7）技术政策应体现先进适用，经济合理、安全可靠。力求社会效益、环境效益和经济效益的协调统一。

3. 生活垃圾产生量预测

目前，我国城市人均生活垃圾产量为每天0.6—1.2千克，这个值的变化幅度较大，主要受城市具体条件影响。比如市政公用设施齐备的大城市的产量低，而中、小城市的产量高。与世界发达国家城市生活垃圾的产生量情况相比，我国城市生活垃圾的规划人均指标以0.9—1.4千克为宜。

沂源县2015年县城生活垃圾的人均产生量约为1.0千克/人/日，随着居民收入的提高，消费水平也将随之有所提高，居民垃圾量也会相应增加，但是提高到一定程度后基本保持稳定，甚至会呈下降趋势。本次规划结合实际情况并参照其他城市垃圾变化规律，将沂源县县城人均日垃圾产量采用如下标准：县城2025年城市生活垃圾的人均日产生量确定为0.9千克/人，乡镇生活垃圾的人均日产生量确定为0.5千克/人；县城2035年城市生活垃圾的人均日产生量确定为0.8千克/人，乡镇生活垃圾的人均日产生量确定为0.4千克/人（见表5.25）。

表5.25 沂源县生活垃圾产生量预测（人均指标法）

期限	2025年		2035年	
名称	县城	乡镇	县城	乡镇
人口规模（人）	28	34	35	30
人均垃圾生产量（千克/人/日）	0.9	0.5	0.8	0.4
日均垃圾产生量（吨/日）	252	170	280	120
合计	415		400	

根据预测，2025年沂源县县城生活垃圾产生量为252吨/日，乡镇生活垃圾产生量为170吨/日；2035年沂源县县城生活垃圾产生量为280吨/日，乡镇生活垃圾产生量为120吨/日。

4. 垃圾收集和转运

推行垃圾分类收集、袋装化收集，做到垃圾减量化。各村按100—150米的服务半径设置分类垃圾筒和垃圾池，专职清运队负责运送垃圾至镇垃圾转运站。

各乡镇均设置1—2个垃圾转运站，垃圾收集后进行分类和资源回收，并最终运至县垃圾处理场。

5. 垃圾处理

（1）垃圾处理厂

规划沂源县生活垃圾处置方式采用卫生填埋的方式，沂源县垃圾处理厂作为最终处置地点，负责全县生活垃圾的最终处置。近期对原垃圾填埋场保留，之后停用。远期在县城南侧规划一处生活垃圾处理厂场地。

（2）垃圾转运站

中心城区：根据预测，规划远期县城垃圾清运量为280吨/日。结合现状实际情况，远期改造2座垃圾中转站，新建5座小型压缩转运站（见表5.26）。

表5.26 沂源县城生活垃圾转运站一览

序号	转运站名称	垃圾转运站位置	占地面积（平方米）	垃圾转运量（吨/日）	备注
1	翡翠山居转运站	翡翠山居东门	600	＜50	改造
2	西鱼台转运站	西鱼台村西	600	＜50	改造
3	三村转运站	螳螂河东路与健康路路口东南	600	＜50	新建
4	吴家官庄转运站	鲁山路（健康路—和源路）	600	＜50	新建
5	小义乌转运站	小义乌商品城南	600	＜50	新建
6	西台转运站	北京路与枣庄路路口东南	600	＜50	新建
7	儒林转运站	鲁山路与东营路路口东南	600	＜50	新建
8	北部城区转运站	青岛路与人民路路口东北	600	＜50	新建
9	悦庄转运站		600	＜50	新建

乡镇：保留现状8处垃圾转运站，东里镇规划1处垃圾转运站。

（3）环境卫生保障策略

中心城区每年产生的粪便，一部分经高温发酵后作为肥料用于附近农田；一部分作为企业污水处理厂的茵种（有机盐）用，处理率100%。

城镇工业与民用建筑中，装有水冲洗式厕所的粪便污水应纳入城乡污水管道系统内，由污水处理厂统一进行处理。

乡村大力推广三格化粪池厕所、三联通沼气式厕所；粪尿分集式生态卫生厕所等。

在条件受到限制的老城区或个别村庄，环卫部门配备真空吸粪车对各类化粪池进行有偿清疏，并将残渣转运到垃圾处理场进行无害化处理。

（4）无害化及固体废弃物处理体系

餐厨垃圾产生单位设置餐厨垃圾收集点，使用可与餐厨垃圾专用收集车配套使用的垃圾桶收集，统一运至淄博市规划的餐厨垃圾处理厂处理。

规划和建设无害化垃圾处理设施，对沂源县城市垃圾采用卫生填埋方式来解决垃圾围城、污染环境、威胁地下水等问题。到2020年，固体废弃物无害化率达到100%。

5.11 县域公共安全与综合防灾规划

5.11.1 防灾体系协调规划

建立城乡一体的灾害监测、预警、预报、交通疏散及指挥、救援综合防灾体系，重点加强抗震、消防、防洪的规划建设。

1. 组织管理体系

以沂源县政府为指挥中心，街办、镇政府为基层指挥部，形成综合防灾指挥网络。加强地震和水文监测台、站建设，完善灾害监测和预报制度。充实机构，增加人员，理顺机制，进一步加强对全县域预防和应对突发事件的组织指挥和综合协调，不断完善组织管理体系。推进专项管理机构建设，提高应急预案编制能力和演练水平。

2. 应急救援队伍

依托公安消防部队建设综合性应急救援队伍，整合现有各类专业救援力量，充实人员，更新设备，改善技术装备，扩大应急救援的覆盖面。建立以公安、消防、民兵预备役等为骨干和突击力量，以抗洪抢险、抗震救灾、矿山救护、危险化学品救援、医疗救护等专业队伍为基本力量，以企事业单位、社会救助团体专兼职队伍为辅助力量的应急队伍体系。

3. 应急物资

优化应急物资储备结构，完善分级分类储备制度，建立平灾结合、动静结合、以动为主的储备模式，加强应急物资的保障能力评估。依托人防工程建立县级应急物资储备库，重点加强救援运载、工程设备、通信广播、医疗救护等方面的物资储备。

4. 应急避难场所

应急避难场所以应对地震、洪水、雷电、火灾为主，规划固定避难场所和紧急避难场所，包括室内和室外两种固定避难场所，人均有效固定避难面积不低于3平方米，能满足城市总人口30%的人口避难。农村地区以室内固定避难场所为主，室外固定避难场所为辅。

5.11.2 灾害防治标准及防灾措施

5. 防洪工程

（1）规划原则

按需设防，满足城乡发展需要；蓄排结合，减少下游河道泄洪压力；工程措施与非工程措施相结合，提高防洪综合效益。

（2）防洪标准

根据规划期末主城区及各乡镇的发展规模和布局确定城镇防洪标准。其中，主城区防洪标准为100年一遇，鲁村镇、南鲁山镇、东里镇镇区防洪标准为20年一遇，其他乡镇为10—20年一遇。

沂河、螳螂河、儒林河段防洪标准为50年一遇，但遇100年洪水不漫溢。大张庄河、红水河、南岩河等其他河流防洪标准为20年一遇。

（3）防洪工程措施

扩展防洪河道断面，满足泄洪要求；对河道清障清淤、恢复河道功能。河道标准提高后，沿线闸、坝、桥、涵工程也应搞好配套工程建设，对其进行改造或更新。

对田庄水库、红旗水库、北店子水库等进行加固增容作业，有扩容条件的小型水库和水塘，也应进行扩容，减轻下游河道的泄洪压力，提高防灾能力，满足城乡安全需要。

建立科学、先进、完善的雨情、水情预报和警报系统，为城市防洪提供更为科学可靠的依据，同时建立防洪基金，完善洪灾保险制度。

6. 抗震工程

（1）规划原则

建立和不断完善防震减灾体系，努力减少地震灾害损失。防震减灾以地震监测预报、强震动观测系统建设、应急避震场所建设为重点，不断提高综合抗御地震灾害的能力。

（2）抗震设防标准

根据中国第三代地震烈度区划图，将沂源县划为Ⅶ度区。以地震基本烈度七度为一般工程抗震设防标准。

重要建设工程、易产生次生灾害工程、生命线工程必须进行地震安全性评价，并依据评价结果确定抗震设防要求。学校、医院、商场、交通枢纽、公共文化设施等人员密集的建设工程，应当按照高于7度抗震设防要求进行设计。

（3）抗震工程规划

县城新建、改建、扩建工程，必须按要求抗震设防，已经建成的建（构）筑物，未采取抗震设防措施的，2025年之前完成抗震性能鉴定，并采取必要的抗震加固措施。

加强农村民居抗震能力鉴定和抗震加固工作。开展农村民居抗震能力现状调查，开发适合沂源县农村经济水平、传统习俗和实际需要的农居防震技术，加强对农居建房和加固工程的指导，提高农居建设施工质量。开展"农村民居防震保安试点工作"，及时总结经验，以点带面，逐步推广，提高农村民居的抗震能力。

利用城市公园、绿地、广场、体育场馆、学校等开敞空间和抗震能力较好的公共建筑规划建设室外和室内应急避难场所，人均有效面积不低于1平方米。以城市主干路和次干路为人员疏散和物资运输的救援通道，确保震后有效疏散宽度不低于8米。对不满足要求的现状道路应进行拓宽改造。

加强防震减灾宣传教育工作，逐步形成由宣传、地震、教育、文化和新闻等部门组成的防震减灾宣传教育工作体系。推进抗震防灾教育、演练，提高防震避震能力。

7. 消防工程

（1）规划原则

贯彻"预防为主，防消结合"的方针，建设城乡、森林消防体系，合理设置消防站点，加强消防设施建设，努力提高城乡综合消防能力。城乡各项建设必须执行国家颁布的防火规范，确定防火等级，健全消防设施，保证消防通道畅通。

（2）消防站布局

全县域共规划设置11座消防站，其中，主城区2座，其他乡镇各建1座。消防站及配套设施参照《城市消防规划规范》执行。

农村地区应组织设置防火工作小组或临时消防队，设置必要的消防设施和消防器材，利用自然水体，加强取水口和取水通道的建设。

（3）消防通道

市域主次干道为主要消防通道。消防干道应满足抗灾救灾疏散的要求，其宽度应保持在干道两侧的房屋倒塌后剩余的车行道能够满足消防车通行。

各乡镇驻地建设过程中应规范集贸市场，取缔马路市场和马路停车场，提高路网密度，使各消防责任区内的道路满足5分钟达到责任区边缘的要求。

（4）消防指挥中心

规划消防指挥中心可结合县政府设置，负责接受火警报告、人员和车辆调度、火场指挥和通信联系等。进一步建立和完善森林火灾预防、监测和扑救体系，建设林场、山区和森林公园林火微波监控联网系统。

（5）消防安全布局

易燃易爆物品工厂、仓库应布置在城市边缘的独立安全地区。散发可燃气体、可燃蒸汽和可燃粉尘的工厂和大型液化石油气储存基地应布置在城市全年最小频率风向的上风方向，并保持规定的防火间距。

天然气的输送管网、储气设施、调压站的规划建设必须纳入城市规划管理和防火审核，选择合理的走廊和点位，保持足够的安全防护距离。

城区内新建的建筑物，应为符合一、二级耐火等级的建筑，控制三级建筑，严格限制修建四级建筑。原有耐火等级低、相互毗连的建筑密集区应纳入城市改造规划，逐步改善消防安全条件。

新建、扩建、改建的各类建设工程的选址定点、设计、施工必须严格执行国家有关消防技术规范的规定，并加强建筑设计防火审核工作。

5.11.3 地质灾害防治规划

1. 现状概况

沂源县在地形地貌上属中低山区，是沂河、大汶河、弥河的发源地，境内沟壑纵横，地形复杂，随着人类工程活动加剧，对地质环境的影响日益明显，境内崩塌、滑坡、采空塌陷等地质灾害时有发生。沂源县地质灾害类型主要分为：崩塌、滑坡和采空塌陷。

根据沂源县地质灾害调查报告显示，县域内有各类地质灾害隐患点56处，其中，大型18处、中型20处、小型18处；其中，滑坡9处、占17%，崩塌44处、占76%，地面塌陷3处、占7%。

（1）崩塌

崩塌主要分布在西里镇、东里镇、南鲁山镇和张家坡镇，目前已发生的崩塌灾害点11处，其中，西里镇4处、南鲁山镇3处、南麻镇2处、燕崖镇和悦庄镇各1处。大部分为岩质崩塌，多发生于降雨过程中，虽然规模较小，但主要分布于村庄附近、公路、河流两侧，因而危害较大。

崩塌地质灾害隐患点44处，按规模划分，小型17处、中型18处、大型9处，多为中、小型，中、小型灾害点占崩塌总数的79.5%，为自然因素和人为因素诱发，多存在于高陡边坡，坡肩坡角大于60°的高临空面，一般发育于沉积地层中，在强降雨诱发和重力卸荷营力作用下产生崩塌（见图5.21—图5.22）。

图 5.21 东里镇上柳沟村崩塌隐患点

图 5.22 张家坡镇大石沟村崩塌隐患点

（2）滑坡

沂源县滑坡共发生7处，老滑坡1处、现代滑坡6处。岩质滑坡6处，土质滑坡1处，均为小型滑坡。潜在隐患点9处，按规模划分，大型6处、中型2处、小型1处。

滑坡可分为土质滑坡和岩质滑坡。其中，土质滑坡一般分布在山间沟谷中，由长时期的降水冲刷到沟谷间的冲积物堆积形成滑坡体。此类滑坡的规模不大，但在暴雨条件下，可在较短的时间内突然发生滑坡。岩质滑坡多因地质构造的影响，造成部分岩石滑动，形成地质灾害。

（3）地面塌陷

根据地质灾害调查报告显示，沂源县鲁村煤矿和草埠煤矿影响范围内的350多户民房墙面均出现了不同程度的开裂。其中，草埠煤矿已于2006年关闭，原有的采空区均已基本塌实，对地面的影响已经趋于稳定，不会再产生大的地面塌陷灾害。鲁村煤矿为生产煤矿，随着煤矿的继续生产，受采动影响的地面有进一步沉陷的可能，矿山部门已经与当地政府与村民达成治理协议，并接受政府部门的监督和监管。并且编制了《矿山地质环境保护与治理恢复方案》和《土地复垦报告书》，对矿山引发的地质灾害进行专项治理。

2. 地质灾害防治分区

根据沂源县地质灾害调查报告中关于地质灾害的危害程度、稳定性及危险性等方面的综合评价，将沂源县地质灾害划分为高易发区（A）4个、中易发区（B）4个、低易发区（C）1个及不易发区（D）5个（见表5.27、图5.23）。

表 5.27 沂源县地质灾害易发性分区

易发区代号		易发区名称	面积（平方千米）	灾害（隐患）点数（处）	主要灾害类型
A	A_1	土门—南麻西高易发区	127	10	崩塌、滑坡
	A_2	燕崖杏花高易发区	63	5	崩塌、滑坡
	A_3	张家坡北桃花坪高易发区	45	5	崩塌
	A_4	西里—东里高易发区	164	19	崩塌
B	B_1	南鲁山—三岔中易发区	163	4	崩塌、滑坡
	B_2	悦庄—石桥中易发区	197	5	崩塌
	B_3	鲁村中易发区	53	3	地面塌陷
	B_4	燕崖南—中庄中易发区	171	2	崩塌
C	C_1	南麻南—大张庄北低易发区	119	3	——
D	D_1	南麻—悦庄西不易发区	280		——
	D_2	张家坡—大张庄不易发区	166		——
	D_3	东里南桃花坪不易发区	88		

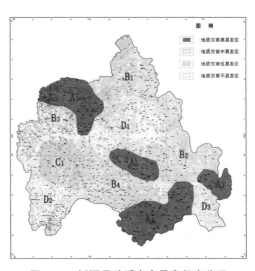

图 5.23 沂源县地质灾害易发程度分区

依据区内地质灾害形成的地质环境条件、地质灾害易发区特征，并结合沂源县国民经济和社会发展规划的经济布局和战略重点进行综合分析，将沂源县地质灾害防治划分为三大地质灾害防治区，即重点防治区、次重点防治区、一般防治区。具体如表5.28所示。

表 5.28　沂源县地质灾害防治分区

区别	易发区代号	易发区名称	面积（平方千米）	灾害（隐患）点数（处）
重点防治区（Ⅰ）	I_1	土门—南麻西重点防治区	127	10
	I_2	燕崖杏花重点防治区	63	5
	I_3	张家坡北桃花坪重点防治区	45	5
	I_4	西里—东里重点防治区	164	19
次重点防治区（Ⅱ）	II_1	南鲁山—三岔次重点防治区	163	4
	II_2	悦庄—石桥次重点防治区	197	5
	II_3	鲁村次重点防治区	53	3
	II_4	燕崖南—中庄次重点防治区	171	2
一般防治区（Ⅲ）	III_1	南麻南—大张庄北一般防治区	119	3

（1）重点防治区（Ⅰ）

重点防治区分布于沂源县西北及东南部山区，区内的地质灾害较发育，主要灾种是滑坡和崩塌，属地质灾害高易发区。重点防治区面积399平方千米，占防治区总面积的24.4%，地质灾害共计39处，占地质灾害总数的67%。区内交通条件一般，基础设施一般，人口较集中，多分布于山间沟谷中，人类工程经济活动较强烈，主要表现为修路、建房、斜坡垦植等，该地区的旅游业开发正在逐步升温。

（2）次重点防治区（Ⅱ）

次重点防治区分布于南鲁山—三岔、悦庄—石桥大部、鲁村地区及燕崖南—中庄大部地区，区内的地质灾害较发育，主要灾种是滑坡和崩塌，属地质灾害中易发区。次重点防治区面积586平方千米，占防治区总面积的35.6%，地质灾害隐患点共计14处，占地质灾害隐患点数总数的24%。区内交通比较方便，基础设施一般，经济相对较发达，人口较集中，多分布于山间沟谷中，人类工程经济活动较强烈，主要表现为修路、建房、斜坡垦植、矿业开发等。

（3）一般防治区（Ⅲ）

一般防治区分布于沂源县南麻南—大张庄北部、悦庄西、张家坡—大张庄地区和东里南桃花坪地区，地形相对较平坦，经济发达，人类工程经济活动强烈，主要表现为筑桥、修路建房、城市建设、水利建设等，交通条件便利，基础设施齐全，人口集中，人类居住环境较好。区内的地质灾害不发育，属地质灾害不易发区。一般防治区面积653平方千米，占防治区总面积的39.9%。

3. 地质灾害防治措施

地质灾害防治工作应坚持预防为主、避让与治理相结合和全面规划、突出重点的原则，对地质灾害进行重点防御。

（1）大力加强宣传培训工作。政府要及时开展地质灾害宣传工作，大力宣传地质灾害防治基本知识，让广大群众了解地质灾害的危害、地质灾害发生的前兆和防范措施等，提高公众的防灾避灾意识，增强防灾避灾责任感。

（2）认真编制地质灾害年度防灾方案和突发性地质灾害应急预案，扎实做好防灾工作的部署和安排。对重点隐患点要单独编制防灾预案。

（3）落实防灾责任，加强汛期地质灾害监测、查险工作。对区域内地质灾害防治做到每个隐患点有领导负责、有专人查险。在切实落实好汛期值班制度、灾情速报制度、险情巡查制度的同时，进一步加强国土资源、气象、水利、交通、民政、电信等相关部门的密切配合，实行整体联动、分工协作、各负其责。

（4）做好应急处置工作。发生地质灾害险、灾情时，有关部门应及时赶赴现场，调查了解灾害发生发展情况，并及时向政府汇报。政府要立即将有关信息通知到地质灾害危险点的防灾责任人、监测人和受威胁群众，对是否转移群众和应采取的措施做出决策；及时划分地质灾害危险区，设立警示标志，确定预警信号和撤离路线，组织群众转移避让或采取应急治理措施。

（5）进一步推进群测群防建设。开展群测群防工作，可以迅速发现险情，及时预警自救，遇到灾害性天气，可以通过群测群防网络迅速部署防灾抗灾工作，及时组织危险地带的人员撤离避让，避免或减少人员伤亡和财产损失。

（6）加强人为活动管理，防止人为活动诱发地质灾害。对于地质灾害危险性评估范围的建设用地项目，应进行地质灾害危险性评估工作。加强采矿等人为活动的监督管理，落实人为活动诱发地质灾害督察制度，防止引发地质灾害。

（7）加强地质灾害监测预警工作。及时通过新闻媒体、网络、传真、短信等方式发布可能发生地质灾害的气象信息，并努力提高预报的准确性，更好地指导地质灾害防灾工作。

第6章 主城区空间统筹

6.1 主城区范围划定

主城区包括规划期内承载主要城市功能拓展、产业发展的地区，以及对沂源县城市发展生态安全与城市安全具有重要保障作用的地区。本次规划结合沂源县发展实际，考虑中心城区的空间拓展需要及东部悦庄镇、西部天湖旅游度假区的发展前景，最终确定沂源县主城区范围包括历山、南麻2个街道及悦庄镇的部分地区，总面积约63平方千米。

6.2 多元动力识别

1. 区域交通基础设施提升沂源区域物流职能

规划"十三五"期间，将建设张沂高速公路，使沂源真正融入到淄博市域一小时交通圈。一方面，将加快改善沂源县城乡居民的出行条件，缩短与大城市的时空距离，加快悦庄及东部片区的开发建设。另一方面将大大提升沂源丰富的农产品和旅游资源辐射能力，推动城市商贸物流业发展。

2. 以就业与服务为主动力的城镇化发展强劲

首先，近年来沂源县城市非农就业岗位的持续增加吸引大量周边农村地区剩余劳动力向城区转移，为城市经济产业发展提供了源源不断的劳动力资源，城市人口集聚能力显著提升。其次，县城集聚了全县大部分高品质、高等级的教育、医疗等公共服务设施，从而吸引大量追求改善生活条件的农村居民进城购房或安家落户。

3. 城市生态（景观）高品质地区的价值日益显现

随着城市建设空间不断向外拓展和城区交通环境的逐步改善，使得天湖周边、历山山前地区、儒林河两岸等生态高品质地区的景观、环境价值日益凸显，逐步成为改善城市风貌景观特色，提高城市环境品质的高价值地区。

6.3 空间发展策略

为承接区域新动力，协调保护与发展，应对城乡关系新要求，本次规划在主城区层面提出"东进西优"的空间发展策略，以明确空间框架，增强城市承载能力，为实现沂源现代化中等城市发展目标打下空间框架基础。

1. 服务东进，打造功能完备，配套齐全的现代产业发展平台

规划以儒林河新区和悦庄镇区为依托，重点培育现代商业物流、商务金融、会展旅游、科技服务等现代服务业功能业态，打造现代服务业发展新引擎；以沂源经济开发区、悦庄工业园为核心，推动园区一体化布局，加快建设健康产业、新材料两个国内领先，特色鲜明，竞争力较强的产业发展基地。

2. 品质西优，营造高品质，有特色的鲁中山区旅游度假高地

规划立足于天湖水源地的生态保护要求，坚持优化开发与整体保护为原则，充分发挥天湖旅游度假区的门户形象、龙头带动、旅游集散和转型示范作用，统筹推进天湖及周边山前、滨水高价值地区的开发建设，构筑一湖一环六大组团的旅游空间体系，建设鲁中山区高端水上旅游度假项目，逐步发展成为带动沂源服务业升级的核心引擎。

6.4 重点地区发展指引

6.4.1 儒林河两岸

1. 现状特征

儒林河城区段范围北至外环路，南至沂河路，长约8千米。现状河道两侧以农田为主，中段两侧分布有儒林集村、前儒林、中儒林等少数村庄，南段两侧被大面积工业用地所占据。

2. 规划要点

（1）滨水区开发建设应注重功能的复合性和空间的开敞性

儒林河城区段两岸片区是未来沂源城市居民重要的公共活动空间，是未来沂源县最具魅力的片区。因此，在功能业态方面应以商业娱乐、文化会展、体育休闲、旅游度假等功能于一体，强调功能的复合性。同时，在空间上强调集约性，宜营造小街区、密路网的人性化尺度空间，增强人的体验感。此外，应严格控制滨水两岸天际线、高层面宽比等，临水面不宜有高大建筑，注意建筑轮廓线层次感，保证滨水地区的开敞性。

（2）滨水区景观强调景观的可亲性、可用性及共享性

儒林河两岸片区的开发建设应充分考虑景观的公共性、私密性，提供尽可能多的公共开敞空间。把岸线规划建设成为全体市民共享的公共绿地，避免个别单位或个别建筑独占岸线。景观设计多重功效：可观赏性、可亲近性、可远可近性。同时，滨水区景观改造提升应强调生态性原则，维持城市生态良性循环和局部微气候稳定。利用合理的景观设计将季风引进城区内部，调节微气候，在保持生态平衡的同时，达到节能的目的。

6.4.2 天湖东岸地区

1. 现状特征

现状天湖东岸片区包括省道S234以西，青兰高速以北，田庄水库库区以东的滨水地区。现状天湖东岸地区地形较为平坦开阔，主要以村庄用地和农林用地为主。

2. 规划要点

（1）保护滨湖整体空间格局

天湖东岸地区北临历山，南连沂河，西接天湖湖区，整体山水格局特色突出。因此，在实际规划建设中应注重营造疏密有致、开合有序的滨湖地区整体空间关系。其重点是需要梳理以湖体为核心的自然开敞系统，形成与东部中心城区的良好互动关系。其次，在构建滨湖片区整体肌理与高度的层次关系的基础上，突出重要标志物的视觉地位，形成整体的空间关系中的焦点。

（2）塑造连续、开敞的滨湖界面

首先，应注重滨湖建筑界面的控制，在详细设计层面注重建筑退界、贴线率、建筑底层立面设计、建筑体量等方面的内容。其次，加强滨水公共空间的设计，强调公共性、连续性、亲和化、特色化四个方面。保证滨水公共开敞空间的公共性，避免沿湖的私人居住开发等私有化；注重公共开敞空间的连续性，形成连续的环湖慢行系统。

6.4.3 历山山前地区

1.强化整体空间形态控制，塑造起伏有致的城市天际线

结构控制是对山前地区的空间结构、形态和系统的控制，以落实山前地区设计的整体空间框架，形成清晰的空间格局。具体的控制要素包括空间架构、功能布局、空间形态、景观体系、开敞空间、交通系统等。山前地区的结构控制，一是要注重与城市中心区的连接，既包括空间结构的连接，也包括交通、绿地、视觉景观等系统的连接，使山前地区融入整个城市。二是要从人的感知和体验出发，加强视线分析和山前天际线设计，合理布局形象地标和公共活动节点，塑造复合的景观体系。三是要注重各系统的耦合设计，包括构建完善的公共空间系统，提供多样的公共活动场所。

2.提高山前地区精细化规划管理水平，增强综合治理能力

一是要提高山前详细规划设计水平，着重从公共空间、慢行系统、空间意象、空间体验、城市记忆、绿色生态等多方面人性角度出发，强化理念导向和弹性指引，满足山前片区精细

治理的多元需求。二是实施精细化管理。在对山前地区的建筑方案审查方面，将新增对建筑形态、体量、风貌、顶部处理、标识等影响城市景观的建筑要素的审查。此外，山前地区的城市家具设计方案也将通过城市设计导则的引导彰显地域的特色，如路灯、路牌、广告、座椅、垃圾箱等。

第 7 章 中心城区优化提升

7.1 城镇人口及建设用地规模预测

7.1.1 城镇人口规模预测

从增长态势来看，县城凭借着不断完善的公共服务设施、较多的就业岗位等优势条件，在县域中形成较大的人口拉力，人口向中心城区集聚的趋势十分显著。根据总人口及城镇化率，城镇人口预测如表7.1所示。

表 7.1　市域城镇人口预测结论

	2016年（万人）	年均增长率（‰）	2025年（万人）	年均增长率（‰）	2035年（万人）
低情景	27.52	19	36	15	43.4
中情景	27.52	22	37	17	44
高情景	27.52	25	37.2	21	45.5

根据沂源情况，未来人口将逐步向城镇集中，因而取偏高值，预测到2025年沂源城镇人口将达37万人，到2035年城镇人口将达45万人。中心城区的城镇人口到2025年为28万人，到2035年为35万人。

7.1.2 建设用地规模预测

人均建设用地综合指标的选取因素主要遵循国家关于节约用地、严格保护耕地的国策。结合城市性质以及河湖水系和生态廊道的保护要求，并综合考虑人均指标的现状特征，提出合理城市建设指标。

中心城区方案一（老国标）：按照人均105—115 平方米，人口33万—35万，用地规模控制在34.65—40.25平方千米。

中心城区方案二（新国标试行）：现状人均城乡超过200平方米，不再增加城乡居民点建设用地，用地规模控制在39.2平方千米。

经过综合评价，将沂源中心城区用地规模在2035年控制在39平方千米以内，人均城镇建设用地115平方米。

7.2 用地现状特征

7.2.1 空间发育特征

1. 城市发展方向摇摆不定，各项建设无序

从1982版、2001版和2012版总体规划确定的城市发展方向来看，沂源县城均为向东或东北发展；从县城实际建设用地的扩展情况来看，往东和东北是主要方向。但近年来沂源县城市建设方向摇摆不定（2011年之前向东建设东部新区，2012—2015年向西建设河湖新区），直接导致城市建设重点不突出，缺乏对市场力量的有效引导。

2. 沿水进山的开发建设，破坏了整体山水格局

随着城市建设用地空间的快速拓展，沂源县城市建设开发热点地段向滨水、山前等高价值地区转移，譬如中房翡翠山景、天湖周边高层住宅等项目相继建成。由于缺乏对于此类地区的规划管控与引导，使得城市景观风貌和整体山水格局遭到破坏。

3. 城市功能分区特征逐渐明确

目前，沂源县城中部居住服务组团、南部工业发展组团和西部天湖旅游度假区组团等主要分区职能逐步明确，建设用地空间拓展同样表现出鲜明的差异化特征。

7.2.2 用地结构特征

（1）人均建设用地指标较高。现状沂源县城人均城市建设用地达到151.16平方米，远超过国家相关标准。

（2）居住用地中，城中村占比高。城中村改造效果不显著，中心城区存在着大量的城中村用地，占居住用地的54.21%，大部分为立地式的住宅，占地较大，建筑低矮，配套设施差，难以满足人们的日常生活需求。

（3）工业用地规模大、分布散。工业用地总面积5.8495平方千米，占城市总建设用地的21.5%。但现状工业用地主要沿沂河北岸带状分布，空间分布过于狭长、散乱，造成用地效益低下，产业集聚效应不足。

（4）老城区交通设施用地供给不足。集中表现在现状城区道路网密度低，等级结构不合理。特别是新建地区街区尺度过

大，支路严重缺乏。不仅造成未来道路交通压力大，也不利于商业氛围的形成。

（5）人均公园绿地指标低。现状城市绿地与广场用地面积1.5013平方千米，占城市总建设用地面积的5.52%，人均公园绿地面积仅6.82平方米。

7.3 规划目标与布局原则

7.3.1 规划目标

充分发挥沂源县的区域绿心的生态区位优势，重点突出沂源县独特的山水园林城市特色，构建宜人的街区尺度，全力打造现代化高品质的城市综合服务中心和生态宜居城市。优化城市空间布局，完善城市功能，提升中心城区的服务水平，构建营造怡人的城市生活环境。优化城市产业布局与对外交通的联系，建设高效便捷的综合交通体系与公共交通体系，构建城景互动的生态环境格局。

7.3.2 规划布局原则

1. 城景互融原则

处理好城市与周边前山地区、田庄水库、沂河、螳螂河、儒林河、饮马河等生态本底的关系，协调好城市建设与生态环境的关系，合理布置各类用地，提高城市土地利用效率，提升城市整体景观效果，实现城市发展与自然生态环境的共融、共生、共长，打造生态宜居城市，构筑美丽山水沂源。

2.产城互动原则

调整产业结构，顺应产业发展方向，科学引导产业发展空间，优化产业用地布局，对产业区、居住区、运输体系、仓储、交通干线进行精心安排，合理布局产业用地。

3.集约紧凑原则

提高城市建设用地的利用率，充分利用城中村、城中耕地、城中闲置地等城市框架以内的土地资源，盘活存量用地，合理安排用地布局。提高经济开发区等产业用地的投资门槛，确保单位土地经济产业规模，以紧凑发展取代规模扩张，建设集约、节约、紧凑型现代化城市。

4.高效便民原则

规划布局应兼顾功能划分和居民生活舒适性。满足人们在生活、工作、休憩、出行等方面的基本需求。在明确功能划分的同时，兼顾功能的混合，确保城市效率的同时提升城市生活质量。

5.生态优先原则

充分发挥沂源生态区位优势，在城市开发建设中充分考虑生态本底，以生态保护为前提，打造环境优美、生态宜居的现代化城市。

6.统筹兼顾原则

统筹考虑天湖片区、悦庄片区与中心城区在未来发展中的相互关系，明确各自的定位以及在区域中的作用，统筹安排城市空间布局，兼顾片区发展的关系。

7.3.3 规划布局构思

1. 服务东进，打造儒林新区，构建面向区域的人文客厅

依托儒林河两岸的景观资源优势，明确沂源县未来城市发展方向，加强儒林新区城市公共服务设施的建设，疏解老城城市服务功能，加快新城功能的完善，实现"产城互动、城镇融合、服务支持"三个战略目标。

2. 有序疏解老城功能，完善公共服务体系，优化城市基础设施配置

老城面临着交通拥堵、公共空间缺乏、基础设施不完善、城市风貌差等一系列城市问题，以"城市修补、生态修护"为引领，合理有序引导城市功能疏解，逐步完善城市公共空间和基础设施体系，加强老城传统城市氛围的营造，塑造老城传统景观风貌。

3. "理水营城、依山塑景"，构建特色山水城市

梳理县城的水系，营建以螳螂河、儒林河、饮马河及其支流水系为纽带的特色公共空间体系；保护城区北部山体，通过绿道系统的组织，将城区与山体链接起来，依托城区内东山等缓丘建设山体公园，并有效组织周边地区空间形态。

4. 打造水脉、绿脉、交通脉络，引导城市组团式布局

以山水生态格局为基底，未来中心城区形成"组团式"的空间布局，组团之间通过水系绿廊相互连接，构建城市生态慢行系统，促进人与自然交往；注重各功能组团间的相互关系，合理高效地组织城市快速交通网络，加强各组团间便捷的交通联系。

7.4 四区划定与用地发展方向

7.4.1 四区控制范围及控制要求

在自然用地条件适宜性评价的基础上，将用地分为禁建区、限建区、适建区和已建区，并提出相应措施，加强对四区的空间管制和建设引导。

1. 禁建区

范围：指对自然生态环境具有严重影响，或采取大量工程措施才能建设的用地，主要为坡度大于25°以上的用地、基本农田、水域、排洪河道及其控制范围、水源保护地等控制范围。

管制要求：禁建区作为生态培育、生态建设的首选地，对用地严格进行管制，建立相应的管理制度。原则上禁止建设除市政公用设施、旅游设施、公园以外的各类项目，同时建设上述三类项目仍应通过项目的可行性研究、环境影响评价及规划选址论证。禁建区内允许建设的公共设施建设不应超过用地的10%。

2. 限建区

范围：指对自然生态环境影响较大或需要较多工程措施便可以建设的用地。主要为坡度在15%—25%之间的用地，滨河、环山地区用地。

管制要求：限建区内多数是自然条件较好的生态保护地或敏感区，由政府统一组织对限建区土地进行收回、收购并储备，建立限建区土地储备管理库，规划期内原则上不在限建区审批建设项目。

3. 适建区

范围：指对自然生态条件影响较小，采用少量工程措施便可以建设的用地。主要为坡度小于15°的用地。

管制要求：适建区是开发优先选择的地区，但建设行为也要根据资源环境条件，科学合理的确定开发模式、规模和强度。综合协调适建区内城市规划与其他专项规划的关系，本着节约和集约利用土地资源、保护生态环境和人文资源的原则，合理有序地进行开发建设。

4. 已建区

范围：现状建设用地的地区划为已建区。

管制要求：综合协调已建区内功能布局，继续完善配套设施，加强已建区的更新改造和环境整治。

7.4.2 用地发展方向

1. 发展方向历史回顾

（1）城市框架基本拉开，城市建设初见成效

通过对沂源县历版城市总体规划和城市建设历程的回顾，历版城市总体规划所确定的城市发展方向均为向西部和东北部发展，在历版总体规划的指导下，沂源县向东部和西部发展的城市框架基本拉开。

（2）发展方向不明确，城市建设无序

由于在城市建设过程当中，建设方向不明确，建设重点不突出，对县城发展多元动力体系认识不够清晰，导致县城近十

年发展方向摇摆不定，造成县城一系列的空间发展问题，阻碍了县城进一步提质扩容的发展目标。

2. 现状用地建设情况

（1）老城建设用地紧张，城市更新压力大

老城振兴路和胜利路两侧聚集了大量的城市综合服务功能，功能过于集中，各类商业设施和公共服务设施压力较大；公共空间不足，环境品质有待提升；城中村问题较为严重，急需引导城市更新。

（2）北部山前地区无序建设，整体山体景观遭到破坏

由于缺乏对山前地区开发建设的引导，导致在城市建设过程中，破坏了城市与山地之间的关系，影响了山地的整体景观效果。

（3）沂河北侧工业连绵，滨水公共空间消极

省道S329沿沂河北侧通过，带来了大量过境交通，同时大量工业沿河成带状布置，切断了城市和滨水景观空间的联系，阻隔了居民进入体验自然滨水景观的途径。

（4）东部新城建设日趋成熟，整体品质高于河湖新区

东部可建设用地条件优势高于西部——对比《沂源县土地利用总体规划图（2006—2020年）》中沂源县城基本农田分布与现状已建设用地、山体、水系，可以发现，城市可建设地区主要集中在振兴路以北，儒林河两侧的老城东部和螳螂河以西，玉家山东南侧的老城西部。从自然条件和开发建设的难易程度，东部可建设用地相对于西部有明显优势（见图7.1）。

图7.1　沂源县土地利用总体规划

东部建设用地开发动力高于西部——从2012—2016年两证一书的批地情况来看，瑞阳大道以西，螳螂河以东的老城区范围内新批土地面积为1.1255平方千米，占总批地面积的27.37%；螳螂河以西的河湖新区新批土地面积为0.5716平方千米，占总批地面积的13.90%；儒林河以西，瑞阳大道以东的东部新区新批土地面积为1.3597平方千米，占总批地面积的33.06%；儒林河以东的悦庄片区新批土地面积为1.0557平方千米，占总批地面积的25.67%。老城东部的土地建设量明显高于西部。

东部建设用地土地价值高于西部——相对于河湖新区，老城东部新区现已建成沂源一中，并准备开工建设一系列城市公共服务设施，未来行政中心的建设和对儒林河两岸景观的整治，将大大提高东部新区的土地价值，虽然河湖新区依托天湖旅游度假区，但是天湖作为水源保护地，一定程度上限制了河湖新区的开发建设。

3. 空间发展影响因素

（1）自然条件因素

沂源县城四面环山，城市建设主要集中于中间地势平坦区域，县城南部以沂河为界，沂河南部地形地势起伏变化大，不利于城市建设；螳螂河以东地势较为平坦，但是可适宜建设用地规模较少，且临近田庄水库水源保护地，开发建设受到一定制约；县城北侧为山前缓坡地区，可以适当开发建设，但是需要处理好与山体之间的关系，从保护山体景观角度引导城市开发；县城东部，儒林河两侧地势平坦，具有良好的生态本底和滨水景观资源，环境承载力较高。

（2）用地条件因素

县城南部受河流和地形条件的影响，基本没有适宜建设用地，制约了县城向南跨河发展；县城西部地区，由于无序的开发建设，以及螳螂河两岸城市建设基本饱和，难以营造一河两岸的城市生态景观；县城北部部分用地已经建成居住区，且城边村较多，拆迁难度大，城市建设成本大；县城东部有大量适宜建设用地，并且建设或计划建设教育、医疗等一系列城市公共服务项目，具备支撑城市开发建设的条件。

（3）交通条件因素

计划建设的沾沂高速，将改变沂源外部区域交通的条件，从区域交通对地区的影响判断，临近高速出入口的悦庄镇未来应该考虑纳入到沂源县城发展地范围内，这就要求沂源县向东扩展，构建沂源县城新中心，加强与悦庄镇的联系。

（4）发展需求因素

老城区面临着城市更新压力，需要疏解城市功能，同时从大沂源的角度出发，沂源县需要打造一个强有力的新中心，来统筹天湖片区、悦庄片区以及悦庄经济开发区的建设，构建一个区域性综合服务中心。

4. 空间发展策略

综合考虑沂源用地适宜性评价和空间发展的影响因素的资源优势、发展机遇和限制条件，确定沂源中心城区重点空间发展方策略为：

（1）城市向东扩展，重点打造儒林新区

随着东部新区建设的大力推进，城市空间向东拓展的态势已经出现。目前东部新区的建设重点是进一步加强核心功能的培育和疏解老城功能，依托儒林河自然景观优质资源，将东部新区打造成一个生态宜居，行政文化、体育医疗为一体的现代化城市综合服务中心。

（2）优化老城城市环境，完善城市基础设施

加强城市双修，构建公共空间体系，完善城市基础设施，提升老城空间品质，营造传统的商业氛围，将老城打造成一个具有生活气息的城市记忆场所。

（3）引导山前地区开发建设，注重山城格局关系

严格限制破坏山体，合理引导山前地区城市建设，顺应地形地势合理布局建设用地，以组团式布局的低密度开发为主，充分考虑建筑天际线和山体之间的关系。

（4）控制河湖新区和天湖片区的开发建设

西部地区的土地空间资源相对局促，在生态保育、水源保护等方面限制条件较多，建议西部发展在满足各类保护要求的前提下，建设城市特色片区，重点培育旅游服务、生态社区等职能。

（5）工业沿河组团布局，提升沂河景观价值

沂源县工业园区和悦庄经济开发区东西跨度12千米，严重制约了城市和沂河的景观互动，也不符合营造生态环境的要求，建议工业区以组团式布置方式，打开沂河和城市互动的生态通廊。

7.5 城市空间结构与用地布局

7.5.1 城市空间结构

通过对沂源城市空间演变历程的分析与历版总体规划的回顾，以及对区域空间发展关系、现状自然条件及城市发展要求的具体考虑，规划中心城区形成"两心、两带、三廊、六片区"的城市空间结构。

"两心"是指老城综合服务中心和新城综合服务中心，未来将打造老城成为以商业为主的综合服务中心，将新城打造成为行政、文化、商业商务为一体的区域性综合服务中心。

"两带"是指分别依托沂河与城市北侧山前地区打造的沂河生态景观带和山前生态休闲带，构建城市郊野公园体系。

"三廊"是指依托螳螂河、儒林河与饮马河构建的三条景观绿廊。其中，螳螂河主要以设施完善、生态修复为主；儒林

河主要以打造城市精品景观空间，注入城市服务功能为主；饮马河主要以生态保育、环境保护为主

"六片区"是指根据生态格局和与引导功能的不同，划定六大城市功能组团。老城片区和新城片区以发展城市综合服务为主；东部工业片区和西部工业片区以发展工业为主；特色旅游片区和悦庄片区以发展旅游和生态居住为主。

7.5.2 城市用地布局

1. 两心带动

规划儒林新城综合服务中心将带动老城传统中心的功能疏解，促进老城的城市更新，以此带动城市空间布局的优化和整体生活品质的提升。

（1）新城综合服务中心

新城综合服务中心具体由行政文化中心、商务商业中心及体育中心构成，重点打造行政办公、大型商业、商务休闲、教育医疗、体育会展等城市核心职能与区域性服务职能，是沂源空间发展东进战略、疏解老城空间压力与营造生态宜居城市的核心。

规划行政文化中心位于南悦路两侧，由政务核心区、中心文化区两部分构成。重点推动老城行政职能东移，建设服务城乡的政务核心区，入驻以政府行政服务功能为主。中心文化区重点建设城市博物馆、青少年宫、科技馆、规划展览馆等，结合儒林河自然景观资源进行布局，打造沂源城市新名片。

规划商务商业中心位于政务核心区两侧，依托便捷的内外交通联系和景观条件，重点培育商务商业等综合服务职能。

规划体育中心位于人民路以南，儒林西路以东。同时结合滨河绿地及各级城市公园绿地，增加配置大众性体育设施。

（2）老城综合服务中心

老城区振兴路和胜利路两侧已经形成了浓郁的商业氛围和居民的主要生活空间，但由于历史建设的原因，老城面临着基础设施不完善、公共空间缺乏、居住环境较差和城市更新压力大等诸多城市问题。规划通过疏解部分城市功能和引导工业退城入园等举措，构建老城的公共空间体系，完善城市基础设施配套，并识别出具有传统特色的街区进行改造和修补，营造一个特色鲜明，环境优美的城市传统记忆场所

2. 两带构筑

规划依托县城北部山前地区构筑山前郊野休闲带，依托沂河构筑沂河生态景观带，将县城周边地区打造成市民休闲娱乐、体验自然的生态场所，提升周边地区的空间利用价值。

（1）山前郊野休闲带

县城北部地区具有优质的山地条件，随着城市建设向北推进，北部山前地区应当结合城市发展和市民体验自然的需求整体性考虑北部山地的利用，构建一个具有特色的城市郊野休闲空间。

目前，县城西北部的历山公园现已开发，表明城市发展已经开始注重对自然山地景观的开发和利用，但是历山公园的设施还未完善，品质有待提升，未能给市民带来较好的空间体验，同时山地公园的开发，未从整体山前地区的角度出发，不

利于整体山地资源的利用和保护，本次规划提出将北部山前地区开发建设统筹考虑，从生态和景观的角度出发，构筑系统性的山前郊野休闲带，统筹考虑不同类别空间和功能的布置，构筑一个功能多样、景观多变的山前公共空间体验带。

（2）沂河生态景观带

由于历史发展原因，城市过境交通从沂河北侧穿越，大量工业沿河布局，成为了居民进入滨水空间的一道屏障，切断了沂河和城市之间的相互联系，散失了沂河自身的生态景观价值。

本次规划提出南外环的过境路网组织形式，引导过境交通沿沂河南侧通过，同时统筹悦庄工业经济开发区，建议工业区以组团形式布置，通过绿带的组织，打通城市和沂河间多条联系绿道，防止形成沿河的连绵工业带，逐步完善沂河两岸公共空间组织和休闲服务设施，提高景观品质，打造一条生态型的居民休闲活动的滨水景观带。

3. 三廊提升

"三廊"分别是指依托螳螂河、儒林河、饮马河三条水系河道，形成三条联系县城南部空间和沂河的生态景观绿廊。以生态修复为前提，依托"三廊"布局城市公共服务功能和公共活动空间，构建城市慢行绿道，建立完善的中心城区公共空间和公共服务体系。

儒林河景观绿廊——结合儒林河景观改造和城市新区核心功能的布局，沿河组织城市行政文化、商业商务、体育运动、高新产业等功能，以高品质、高要求、高目标，将儒林河建设成一条展现新城魅力，体现生态保护，注重和谐宜居的以人为本的生态型城市功能核心带。

螳螂河景观绿廊——以功能完善和生态修复为主，建立完善的滨河公园体系，提升老片区和河湖新区的整体景观环境，为老城区居民营造一个休闲、娱乐、游憩为一体的滨河活动空间。

饮马河景观绿廊——保留河道的自然形态，以保护、控制和生态修复为主，保护饮马河一定范围内的生态环境，控制城市建设对其的影响，同时防止生活生产对河流的污染。

4. 六片区支撑

以城市发展方向策略为指引，自然生态网络格局为基础，按照城市发展重点和主导功能的不同，规划形成"双园+四城"的六大城市发展片区。其中，"双园"指沿沂河北侧布局的中部工业片区和东部工业片区两大城市工业园区；"四城"指老城片区、新城片区、悦庄片区和特色旅游片区四大以服务功能为主的城市功能组团。

（1）老城片区

老城片区范围北至北外环、南至沂河、西至螳螂河、东至瑞阳路。以传统空间氛围营造、基础设施、绿地及公共空间系统完善、人口与职能疏解为重点任务。

由于历史建设原因，老城功能过于集中，现状路网密度过低，新建地区道路间距相对较大，等级结构不合理，支路严重缺乏；各类商业设施和公共服务设施服务压力较大；同时，对优势景观地区的利用缺乏引导，公共空间不足，环境品质有待提升。

规划结合老城区环境更新、城中村整治，提升老城整体环境质量；同时，通过老城行政文化职能向儒林新区转移，工业退城入园以及对螳螂河滨水空间和胜利山公园等公共空间景观的整治，逐步完善城市公共绿地体系，提高老城城市绿地比重；打通现状多断头路，完善路网结构；对胜利路、振兴路以及两侧建筑进行改造，在保留传统城市商业氛围和生活空间的前提下，完善和提升传统街道空间品质。

（2）新城片区

新城片区范围北至北外环、南至振兴路、西至瑞阳大道、东至兴源路。以打造城市区域性综合服务中心和建设生态宜居城市为重点目标。

儒林新城依托儒林河优质的景观资源，是沂源空间发展战略东移的重大举措，是承接老行政文化职能，培育区域性服务中心的重点片区。

规划将儒林新区建设成为沂源县山水城市的人文客厅，结合儒林河的景观特点，将新城城市综合服务职能和儒林河的景观营造统一考虑，构建一条兼具生态景观、公共空间、城市服务为一体的城市公共服务绿道走廊。同时，采用"小街区"的规划理念，构建高密度的路网体系，营造一个宜人的城市街区尺度肌理。

（3）悦庄片区

悦庄片区范围北至北外环、南至鲁山路、西至悦庄路、东至东外环。以打造田园风光、生态社区和园区服务为目标。未来沾沂高速的开通，悦庄片区将成为沂源县东部门户节点，同时依托悦庄工业开发区，提供过境交通和园区的服务职能。

（4）特色旅游片区

特色服务片区范围包括螳螂河以西的河湖新城以及天湖旅游度假区。依托天湖的特色生态景观资源，建设旅游服务中心，结合景观资源建设高品质生态宜居社区，控制开发强度，注重生态保育。

（5）中部工业片区

中部工业片区范围北至振兴路、南至沂河路、西至瑞阳路、东至东外环。重点培育研发孵化等高新技术产业；注重工业产业链条化的组织，提高产业生产规模化，并完善工业园生活服务和休闲服务设施配套。

（6）东部工业片区

东部工业片区距离城市综合服务中心较远，在工业园区功能布局的时候，应当考虑园区生活服务设施的配套，同时考虑好园区联系城市和连接对外交通的交通组织形式（见图7.2）。

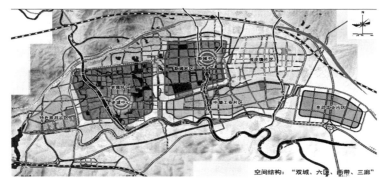

图 7.2　中心城区规划结构

7.5.3 城市建设用地构成

参照国家及山东省地方标准，结合沂源县自身的发展现实情况，规划中心城区城市建设用地42.98平方千米。其中，居住用地15.27平方千米，占城市建设用地的35.5%；公共管理与公共服务用地2.4平方千米，占城市建设用地5.6%；商业服务业设施用地3.1平方千米，占城市建设用地的7.2%；工业用地8.23平方千米，占城市建设用地的19.2%；物流仓储用地0.328平方千米，占城市建设用地的0.8%；道路与交通设施用地3.43平方千米，占城市建设用地的8.0%；公用设施用地0.354平方千米，占城市建设用地的0.8%；绿地与广场用地9.864平方千米，占城市建设用地的22.9%（见表7.2）。

表 7.2　沂源中心城区规划用地平衡

用地代码	用地名称		用地面积（平方千米）	占城市建设用地比例（%）	人均用地（平方米/人）
R	居住用地		15.272	35.5	43.6
A	公共管理与公共服务设施用地		2.4	5.6	6.9
	其中	行政办公用地	0.295		
		文化设施用地	0.196		
		教育科研用地	1.421		
		体育用地	0.127		
		医疗卫生用地	0.317		
		社会福利用地	0.038		
		文物古迹用地	0.003		
		外事用地	0.0		
		宗教用地	0.003		
B	商业服务业设施用地		3.096	7.2	8.8

（续表）

用地代码	用地名称	用地面积（平方千米）	占城市建设用地比例（%）	人均用地（平方米/人）
M	工业用地	8.232	19.2	23.5
W	物流仓储用地	0.328	0.8	0.9
S	道路与交通设施用地	3.434	8.0	9.8
U	公用设施用地	0.354	0.8	1.0
G	绿地与广场用地	9.864	22.9	28.2
	其中：公园绿地	3.714	8.6	10.6
H11	城市建设用地	42.980	100.0	122.8

注：2035年规划常住人口35万人

1. 人均用地指标的调整

提高土地利用效率，珍惜土地资源，缩减人均用地面积。至规划期末，将城市人均用地水平从138.05平方米降低到115平方米，人均城市建设用地面积降低约23平方米。

2. 居住用地调整

考虑现状居住用地占比较高、人均指标高等问题，本轮规划大幅降低了居住用地比例和人均居住用地面积，以适应城市各类用地标准的基本要求。

3. 公共服务设施用地的调整

针对城市综合服务水平较低的特点，本轮规划根据规划总体布局，增加了公共服务设施用地，以提升沂源县城作为全县综合服务中心的的能力，满足城乡居民享受城市多样化服务的要求。

（1）行政办公用地调整。为有效疏解老城功能，提升老城空间品质，本次规划将胜利路两侧及周边的行政办公设施向儒林河新区迁移，同时提高土地利用效率，节约土地，保持行政办公用地占城市建设用地比例不变。

（2）商业金融用地调整。为完善新城商业服务设施配套，提升新城综合服务能力，本次规划在行政中心西侧新建城市商业综合体，同时结合居住区和工业园区布局，合理布置商业设施服务点。

（3）文化娱乐设施用地调整。为提高居民的文化生活水平，丰富居民的城市生活，本次规划结合儒林河两侧景观设计，规划新建博物馆、科技馆、青少年宫等文化娱乐设施，大幅提高了文化娱乐设施用地占比。

（4）体育用地调整。为支撑全县体育发展和全民健身事业，保证市民享受充足的综合体育健身设施，本次规划在儒林河东侧新建县级体育中心，作为全县主要运动场馆；此外，结合城市绿地及住居用地布置小型体育健身设施，以满足居民日常健身锻炼的需求。

（5）医疗卫生用地调整。为改善市民医疗卫生保健水平，满足城镇居民看病的需要，本次规划结合老城区旧城更新，对沂源县人民医院进行改建、扩建，提升医院的服务水平，并在沂源县第一中学北侧新建一所县综合医院，完善县城医疗体系。

（6）教育科研设施用地。为应对国家开放二胎政策，通过对未来生源数量的预测，合理优化中小学布局，以提供一个良好的教育环境，本次规划新增小学、中学、九年一贯制学校，并将现有职业中专迁至儒林新区，将原校区改建为中学。

4. 工业和仓储用地调整

为提升老城城市空间品质，提高工业集聚效应，规划建设沂源工业园区及悦庄高新工业园区，至规划期末，老城内工业用地基本实现退城入园，同时结合工业园区以及沂源火车站新建两个物流园区，分别为悦庄物流园和火车站物流园。

5. 道路广场用地调整

为提升通行效率，减少过境交通对城区的影响，本次规划建设沂源县外环绕城快速路，同时打通多条断头路，增加城市道路网密度，构建一个合理的城市道路交通体系。

6. 市政公用设施用地调整

现状基础设施建设相对滞后，为提高居民生活水平和环境品质，本次规划市政公用设施用地比例适当提高。

7. 绿地调整

为实现山水沂源的目标，创建更好的居民游憩空间，本次规划通过打造儒林河两岸城市公园，并结合城市更新，对现有水系两侧进行景观改造，增加老城绿地数量及面积，构建一个富有山水特色的绿地景观体系。

7.6 中心城区公共管理与公共服务设施用地规划

7.6.1 现状特征与问题

1. 行政办公用地

沂源县行政办公机构及企事业单位集中分布在老城区，大致包括胜利路两侧，振兴路中段以及检察院路两侧，其中，胜利路是全县的行政服务轴线所在。

由于县级行政办公用地多位于老城区内，受拓展空间要求所限，用地紧张、局促。沂源县亟需建设新的行政中心，增加用地供给，解决行政办公用地不足的问题。

2. 文化设施用地

城区内现有"四馆一院"——博物馆、文化馆、图书馆、展览馆、书画院，主要集中在沂源文化中心。现有沂源博物馆，位于沂源县鲁山路文化苑三楼。

中心城区文化设施用地配置方面主要存在的问题包括：文化设施种类不全、规模数量不足，少年宫、老年活动中心、妇女儿童活动中心等针对特定人群的文化设施缺失，现有博物馆、文化馆、图书馆等规模不足且年代久远，随着城市的扩大和发展，已不能适应市民文化生活的需要；文化设施的大众参与性不高，一方面影剧院等文化娱乐设施不足，很难满足居民的文化生活需求提升的需要；另一方面片区级文化服务设施建设严重不足，导致群众参与文化活动的空间缺失。

3. 教育科研用地

沂源对教育事业发展非常重视，中心城区教育设施相对完善，是乡村地区居民选择中心城区定居的重要因素。

中心城区教育科研用地配置方面主要存在以下问题：中小学用地配置空间不均衡，教育设施配套落后于城市发展，现有教育设施主要集中在老城区内，亟须在新的城市拓展区增添新设施；老城区内部分中小学设施陈旧，缺乏操场等面积较大的活动场地；高等教育与职业教育设施相对缺乏。

4. 体育用地

沂源县尚未配套市体育设施，体育用地极为缺少，目前只有部分结合公园绿地配套的小型健身场所，无法满足市民运动的需求，同时也严重影响沂源县体育事业的发展。

5. 医疗卫生用地

现状二级综合医院1处，位于胜利路以北。二级中医医院1处，位于塔山路以北。二级妇幼保健院1处，位于鲁山路和润生路交汇处东南角。

医疗卫生用地配置方面的主要问题有：医院用地规模普遍不足，医疗卫生用地的规模需要进一步扩大；片区一级医院缺乏，加剧了县级综合性医院的就诊压力；专科医院相对缺乏，考虑日益增加的就医需求及医疗事业自身专业化、多元化的发展趋势，应在本次规划中明确专科医院的建设选址（见表7.3）。

表7.3 中心城区医院基本情况

位置	类型	地址	占地面积（平方千米）	建筑面积（平方米）
沂源县人民医院	二级综合医院	沂源县县城胜利路21号	0.02	35000
沂源县中医医院	二级中医医院	沂源县城益民路1号	0.026	22000
沂源县妇幼保健计划生育服务中心	二级妇幼保健院	沂源县鲁山路138号	0.033	25700

6. 社会福利用地

沂源县现有敬老院1处，床位数500张，占地面积0.0474平方千米。

随着中心城区规模的不断扩张，以及不断增多的高龄、病残、独居、空巢老人，未来养老需求增大，现有容量、床位数将难以满足需求。同时，中心城区内片区级服务设施缺失，导致居民享用社会福利设施的方便度不足。

7.6.2 规划原则

1. 合理布局各类公共设施，形成分布均匀的公共服务设施配套体系

加强各组团各类公共服务设施规划建设，提高建设标准，综合考虑有效服务半径，合理配置各类公共设施。

2. 完善与强化公共服务中心职能，树立城市形象地区

完善城市中心布局，合理疏解老城的公共服务功能，提高城区公共服务设施对内、对外服务水平，加强公共服务中心的标志与号召力。

3. 加强社区级公共设施建设，提高城市的宜居度

重点强化社区居住生活服务、文化活动、健身康体、休闲娱乐功能，增强社区归属感、凝聚力，提高城市的宜居度。

4. 综合考虑城市发展阶段，合理安排公共设施建设时序

公共设施布局与规模应与不同建设阶段的城市规模相适应，与城市的发展和居民生活条件的改善相结合，合理安排好

城市公共建设项目的建设顺序，预留后期发展用地。

5. 协调各类公共设施的构成比例，提高服务水平

增加公益性设施的比例，满足居民文化、娱乐等更高层次的需求；加强对营利性设施的引导，合理布局，提高各类服务设施的建设与服务水平。

7.6.3 规划策略

1. 行政办公用地

有序疏解老城区现有行政职能，积极引导行政职能东移，结合儒林新区打造新的沂源县级行政中心。

2. 文化设施用地

按县级、片区两级配置健全各类文化设施。加大县级文化设施建设，弘扬文化事业。促进片区级、社区级文化中心建设，丰富群众文化活动。

3. 教育科研用地

加大新城教育设施建设力度，引导儒林新区城市发展。结合城中村改造，改善老城区学校环境。

4. 体育用地

沂源县体育中心结合儒林新区进行建设，完善各类室内外体育活动场地及设施。结合老城更新和新城建设，配置相应的基层体育设施。

5. 医疗卫生用地

在中心城区内，按县级综合性医院、片区级医院两级配置医疗卫生用地，加强居民就近就医的便利性，并减轻县级医院就诊压力。同时，大力发展专科医院，全面完善沂源县医疗卫生发展体系。

6. 社会福利用地

加大沂源县福利事业发展力度，在中心城区范围内健全各类县级社会福利用地，并根据服务半径要求，配置片区级社会服务设施。

7.6.4 规划布局

规划中心城区公共管理与公共服务设施用地2.4平方千米，占城市建设用地的5.6%，人均用地面积6.9平方米。

1. 行政办公用地

规划行政办公用地0.295平方千米，占城市建设用地的0.69%，人均用地面积0.84平方米。

规划重点为结合儒林新区打造综合行政中心，解决老城区行政用地供给不足的问题，逐步搬迁古城区行政办公用地，疏解老城发展压力。

2. 文化设施用地

规划文化设施用地0.196平方千米，占城市建设用地的0.45%，人均用地面积0.56平方米。

规划重点是完善中心城区文化设施用地的分级配置，一方面大力建设县级文化设施，强化中心城区对城乡文化事业发展的引领作用；另一方面，完善基层文化设施，建设片区级文化中心。

（1）县级文化设施用地

规划县级文化中心1处。儒林新区县级文化中心结合儒林河两侧的景观改造，新建文化馆、美术馆、科技馆、市民活动中心、老年活动中心、青少年宫、妇女儿童活动中心等大型文化设施。

（2）片区级文化设施用地

按照服务半径，结合各片区服务中心建设，配置片区级文化设施，扩展市民文化生活。

3. 教育科研用地

规划教育科研用地1.421平方千米，占城市建设用地的3.3%，人均用地面积4.06平方米。

规划重点是结合城市空间拓展需要，加强中小学用地的空间配置，重点解决老城区的教育配套问题与儒林新区教育设施分布不均匀问题；同时推动职业学校发展，与沂源跨越发展、转型发展相适应。

（1）中小学用地

初中、小学及九年义务制学校方面，应根据服务半径和现状基础，结合居住区分布配置。

（2）高校及专业学校用地

规划现状沂源职业中专搬迁至儒林河南侧。

4. 体育用地

规划体育用地0.127平方千米，占城市建设用地的0.3%，人均用地面积0.4平方米。

规划在儒林新区新建县级体育中心1处，位于人民路以南，儒林西路以东。同时，结合滨河绿地及各级城市公园绿地，增加配置大众性体育设施。

结合各片区公共服务中心，完善基层体育设施建设，丰富居民业余体育活动。

5. 医疗卫生用地

规划医疗卫生用地0.317平方千米，占城市建设用地的0.7%，人均用地指标0.9平方米。

规划2所综合医院和1所专科医院。包括新增1所县级综合医院，改扩建原县人民医院为县中医院，新增1所妇幼保健院；规划5所社区卫生服务中心，其中，保留1所、扩建1所、新建3所；保留福康医院（精神病人疗养院）。社区卫生服务站结合社区服务中心建设。

6. 社会福利用地

规划社会福利设施用地0.038平方千米，占城市建设用地的0.1%，人均用地面积0.1平方米。

（1）县级福利设施用地

规划县级社会福利用地1处，合并现状养老院和社会福利中心，扩建升级。

（2）片区级福利设施

结合社区服务中心，建设老年人活动场所，完善基层社会福利设施配置。

7.7 中心城区商业服务设施用地规划

规划商业服务业设施用地3.096平方千米，占城市建设用地的7.2%，人均用地面积8.8平方米。

1. 商业用地

商业用地主要集中分布在老城综合服务片区及新城综合服务片区中心，老城商业中心重点发展商业服务、贸易咨询、餐饮业、旅馆业等商业设施。新城商业中心结合儒林河水系景观，布局大型商业设施、滨湖主题餐饮等。同时结合居住社区规划各级商业中心。

2. 商务用地

集中布置在老城综合服务片区及新城综合服务片区内。主要为金融贸易、商务咨询等商务服务设施。

3. 娱乐康体用地

集中布置在老城综合服务片区内。结合商业用地布置，主要为电影院等休闲娱乐场所，满足老城居民的日常生活需求。

4. 加油加气站

规划以0.9—1.2千米布局新区的加油加气站，并满足交通可达距离不超过1.8千米。

7.8 中心城区居住用地用地规划

7.8.1 现状特征与问题

1. 空间特征

中心城区主要分布为二类居住用地，多为2005年之后新建小区，基础设施、绿化环境及道路系统情况较好，主要分布在瑞阳路、螳螂河东路及螳螂河西路两侧，但与城市整体风貌不协调。

2. 主要问题

（1）城中村问题较为突出。中心城区城中村占居住用地比例较大。整体上城中村居住环境、基础设施、配套服务等均较差，给城市形象、街区风貌等也造成了突出矛盾，应予以重点解决。

（2）居住用地与工业用地混杂现象突出。中心城区内荆山路侧、振兴路两侧，存在住宅与工厂相互干扰等问题。

（3）相关服务配套不足。沂源居住区的服务配套明显不足。中心城区内的居住社区规模均较小，在各自地块内对配套设施的考虑不足。新建小区多希望以底商形式解决配套服务问题，但受规模和空间限制，很难达到服务要求。

（4）新建小区街区尺度过大。

7.8.2 发展目标与策略

1. 发展目标

以宜居城市为目标，加强城市住房建设，改善居住区生活环境，提高居住水平，打造宜居城市。促进商品住房增长，加强保障房建设，适当发展高端住房市场，使得"低端有保障，中端有支持，高端有市场"，人人有合适的住房，实现住有所居。

2. 发展策略

以住房困难的中低收入家庭、外来务工人员为对象，完善公共租赁住房制度，加强廉租房建设，改进和规范经济适用住房制度，将各种保障性住房建设紧密结合，逐步提高保障能力，实现应保尽保。规划保障性住房建设比例应不低于住宅总量的10%。

7.8.3 规划布局

1. 布局原则

（1）与就业分布相协调

居住用地布局应适当靠近东部工业园区等就业地，东部工业区的居住和公共服务设施布局应相对均衡，减少长距离跨片区通勤，提高整体运行效率。

（2）与环境景观相结合

充分结合自然景观资源布局，重点结合螳螂河、儒林河、外围的山体等自然景观资源，提高城市风貌特色。

（3）促进住房混合布局

高档住房、普通商品房、集资房、安置房、廉租房、经济适用房等住房类型应混合布局，避免住房类型过于单一。应以社区为单元，配套均等、完善的社区公共服务设施。

2. 用地构成

规划二类居住用地面积15.272平方千米，占城市建设用地的

35.5%，人均用地面积43.6平方米。

（1）分布特征

主要分布在老城区西部及儒林新区，其中老城区以更新改造为主，原则上不再新增居住用地；儒林新区新增居住用地要合理控制土地开发强度，注重居住环境品质营造，建设生态宜居社区。

（2）居住片区分布

以中心城区空间布局结构为导向，结合城市级或片区级公共服务中心布局建设配套设施，实现设施共享。配建设施服务半径500米，结合片区级商业中心、文化中心、体育中心布局，配建中小学及医疗卫生设施。规划基本社区中心服务半径200—300米，每个基本社区配置社区公共服务中心，配建幼儿园1—2所，每所占地0.002—0.004平方千米，相对集中的基层社区可合并设置幼儿园。

7.8.4 保障性住房建设规划

1. 布局原则

经济适用房与廉租房是城市住房供应体系的重要组成部分，是满足城市中低收入人群住宅消费需求、增加住宅市场有效供给、调控住宅房地产市场、实现社会公平与和谐发展的重要手段。因此，其布局对于城市整体空间结构的实现以及远期房地产市场发育具有着重要的意义。

其布局应遵循以下三方面基本原则：

（1）应分散布置，与其他类型的住宅尽可能地混合布置，避免社会阶层空间分异。

（2）各分区及组团均应建设一定量的经济适用房与廉租房，以满足中低收入者的住房需求。

（3）应靠近就业区布置，在各工业区、就业岗位集中的中心区附近以及主要公交线路沿线地区布置，以减少通勤成本。

2. 建设标准

（1）除配套车位要求降低到同地区普通商品住房要求的1/2外，经济适用房和廉租房建设其他要求均应满足《城市居住区规划设计规范》的要求，并应设置便利的公共交通线路。

（2）集宿房建设除教育类公共服务设施和配套车位不做强制规定外，其他建设要求按《城市居住区规划设计规范》执行。

7.9 中心城区工业、物流仓储用地规划

7.9.1 工业用地

1. 现状特征及问题

自2006年沂源经济开发区设立以来，园区现有企业261家，拥有山东药玻、瑞阳制药、鲁阳股份、瑞丰高材、合力泰等5家上市公司，高新技术产值比重55.5%，位居全省前列，成为引领沂源工业化进程的主体。

中心城区的工业用地呈现两种空间形态，一种是以沂源经济开发区为代表的规模化园区；另一种是散落在中心城区内的零散工业与乡镇工业，主要分布在荆山路及沂河路两侧。

中心城区工业用地的主要问题包括：

（1）工业用地布局混杂，对城市干扰较大。例如瑞阳制药在进行工业生产时对周边的学校和居住小区影响较大；位于润生路两侧的热电厂，属于三类工业，对城市污染较为严重，同时对城市景观影响也较大。

（2）园区成带状布局，阻隔了城市和沂河的互动。沂源经开区沿沂河东西布局，切断了城市和沂河的关系，同时也不利于城市整体景观风貌的营造。

（3）城市内部工业用地亟待腾挪。当前沂源中心城区内部还存在少量分散的工业用地，这些城区内部的工业企业也对居民的日常生活、安全问题等形成影响，亟待向外围产业集聚地区进行疏解。

（4）开发区设施配套不足，无法满足正常职工需求。目前沂源经济开发区注重引导工业企业入驻，但相应的居住、商业及文化等相关设施配套相对滞后。

2. 规划原则

（1）规模集聚原则。完善开发区基础设施、绿地和公共设施等配套建设。引导城区分散企业向工业园区集中。

（2）总体协调原则。明确园区主导功能，加强园区间的互动联系，增强产业集群整体优势。协调产业与服务、园区与城区的关系，促进整体协调发展。

（3）弹性控制原则。考虑到产业发展的不确定性，在总体规模不变的前提下，制定土地弹性供给策略。

（4）环境保护原则。建立与地区环境相协调的生产模式和产业结构。满足健康、可持续的城市增长要求。逐步淘汰高能耗、高污染的落后产能。

3. 规划策略

（1）引导沂源经开区组团式布局，与城市发展新格局及生态新要求相匹配，同时对接东部物流园区，打造沂源县城重要的高端产业平台与现代制造业基地。

（2）对老城区及儒林新区内的工业用地进行全面整理，向经开区及外部乡镇产业园转移，促进工业规模发展，并有效释放中心城区内部土地资源的能量。

4. 规划布局

规划工业用地8.232平方千米，占城市建设用地的19.2%，人均用地面积23.5平方米。

优化沂源经开区功能布局，重点解决有严重噪声污染的产业项目搬迁，重点加强产业研发、孵化、职教培训服务等生产性服务功能和居住、物流等配套服务功能。加强园区景观建设，提升工业投资环境，展现现代产业区风貌。

优化沂源经开区布局。大力发展医药、精细化工、玻璃纤维等产业。基于医药优势产业，推进医药产业升级，建设科技研发、新兴金融、现代服务、工业设计、特色营销等服务产业体系。

7.9.2 物流仓储用地

1. 现状特征及问题

现状物流仓储用地重点分布在瑞阳路和荆山路交汇的东北处。

存在问题：随着城市规模的扩展，仓储用地已经成为城市较为中心的地带，对于周边的功能区以及城市交通的组织造成较大的干扰。

2. 规划策略

（1）集中布置物流仓储用地，结合城市特色与城市产业发展需要，从城市整体布局出发，规划物流园区，形成规模化、产业化发展格局。

（2）根据城市对外交通调整物流产业布局，区域性物流产业可结合规划区发展大思路重新选址布局，中心城区内重点配置支撑自身产业园区转型升级的仓储物流用地。

3. 规划布局

规划物流仓储用地0.328平方千米，占城市建设用地的0.8%，人均用地面积0.9平方米。

规划改造搬迁现状三类仓储用地及区域性仓储物流用地，新建2处仓储物流园区。一处是结合火车站建设区域性陆港仓储物流园区；另一处结合经济开发区建设综合服务型的仓储物流园区，服务于园区产业发展。

搬迁对城市环境影响较大的三类仓储用地及区域性仓储物流用地，规划结合城市对外交通通道及沂源火车站，建设集仓储、配送、流通、信息、加工、包装等为一体的标准化区域性物流园区，以此推动沂源物流产业的发展和升级。

7.10 中心城区绿地系统规划

7.10.1 现状特征与问题

1. 现状特征

沂源县先后获得"国家园林县城""亚洲都市景观奖""全

国绿化模范县""山东省适宜人居环境范例奖"等殊荣，2014年又获得"中国人居环境范例奖"。近年来，通过长期建设和近期努力，沂源县初步形成了以螳螂河滨水公园和胜利山公园为主体，以道路水系绿化为骨架，以点状附属绿地为补充的绿地系统。

总体来看，沂源城区绿地现状特征是：公园绿地相对集中，绿地面积总量少，人均绿地指标不足。一方面由于老城区用地供给紧张，城市更新压力大，导致公园绿地建设相对集中在螳螂河两侧和瑞阳路东侧，而沿街、沿水系等带状绿地和街旁绿地数量不足，分布不合理；另一方面，由于对周边的山地绿地资源认识不充分，以及缺少对自然山水环境的整体认识，导致对周边郊野公园开发滞后，虽然历山公园初见成效，但是建设品质差，且难以满足市民游憩要求。

2. 存在问题

（1）各类绿地结构不合理，绿地系统有待进一步完善

城区整体上绿地结构不合理，未形成"点、线、面"相结合的绿地网络，主要体现在片区级公园的缺失，螳螂河滨水公园和胜利山公园两大综合性公园的服务半径和服务能力有限，难以满足整个县城居民的活动要求，应更多结合居住片区，增加片区公园，并结合老城职能疏解和工业退城入园统一安排新增老城街头绿地，完善公园绿地体系。

（2）城市绿地与广场用地总量不足，空间分布不均

目前，县城已经建成沂河源水景公园和胜利山公园两个城市综合性公园，但是老城区城市型绿地仍然较为缺乏，绿地率和人均公共绿地指标低，尤其缺乏贴近市民生活，体现生活

品质的街头小公园。街头绿地大多采取"见缝插绿"的绿化方式，零星分散，无法满足居民休闲娱乐的需要。绿地分布较不均衡，呈散状分布，没有与周边绿化廊道相联系，整体构不成结构体系，难以发挥绿地在城市中的综合效益。

现状绿地主要集中在瑞阳路西侧和螳螂河两侧，河湖片区和工业园区的城市绿地严重缺乏，以500米绿地服务半径推算，绿地公园服务面积覆盖率较低，在空间上主要体现在老城绿地相对集中，周边绿地布置不足的情况。

（3）现有自然资源利用不充分，山水园林城市不突出

沂源县是一个自然景观丰富、生态环境优越的城市，但是在城市绿地发展过程中，自然资源未得到充分保护和利用。建成区中的河道、水渠被占用、埋藏。瑞阳路西侧城市公共绿地被新建居住区所包围，河道被工业区埋藏在地下，影响了河道滨水绿化带的延续性和整体性，螳螂河两侧虽有公共绿地，而且修建了公共设施，但是绿带宽度不够，自然岸线较少，不符合生态要求，整体滨水绿地空间品质不高。

历山公园的建设，体现了县城开始重视郊野公园的建设，但是未结合北侧的整片山前地区进行统一考虑，同时缺少服务设施，历山公园的品质不高，难以吸引市民游玩。作为沂河的源头地区，县城发展过程中未能全面考虑沂河的重要生态和景观价值，导致沂河与县城联系不足，变成了城市边缘地区。

（4）工业区防护绿地预留不足，对城市景观和生态环境影响较大

南部工业园区成片连绵建设，未预留防护绿带，县城、沂

河和工业园区之间缺少过度和保护的空间，造成城市发展和工业建设相互冲突，生态地区遭到工业用地的挤压，使得县城的整体形象和景观风貌受到较大的影响，同时对河道生态廊道也造成了破坏。

（5）绿地功能定位不明确，人均绿地面积统计存在差异

沿山体绿地的功能定位不够明确，造成绿地指标统计上的差异。如现状的公园绿地中，沿山体开发建设的公园有两处，分别为胜利山公园和历山公园，而历山公园应当归纳为城郊公园，并不是严格意义上的城市公园，因此也不能将其指标算为城市公园绿地。

（6）城市绿地与城郊生态资源联系不足。

现状城市绿地的建设，没有充分利用外围自然山水条件，绿地系统缺乏与周边山体水系的融合和贯通，区域生态绿化格局尚未形成。

7.10.2 规划目标与原则

1. 规划目标

在加快社会经济发展和城镇化进程的同时，科学合理地规划各类绿地公园，确定绿地性质、功能。营造好绿色环境，充分发挥园林绿地系统生态、经济和社会的综合效益，形成人与自然和谐相处、城市建设与绿化相协调发展的建设模式。将沂源建设成为以外围山系为背景，以滨水绿地为骨架，以绿化开放空间为重点，分级合理、形态多样、便于使用的网络化绿地系统，将沂源县打造成为一个山水相融，城景互动的山水园林

城市。

到2025年，重点利用螳螂河、儒林河、饮马河水系基础，构筑并完善三条城市公园型的公共空间景观廊道；依托沂河构建以休闲游憩、生态保育为功能的生态通道；老城区以街旁绿地扩充为重点，与城市带状绿色空间连成生态绿网，形成绿量适中、分布合理、类型多样、景观优美、功能齐全、特色突出的园林绿地系统。

中远期，重点利用周边山体，打造环城郊野公园体系，与中心城区绿色空间连成生态绿网，突出"美丽山水沂源"的城市特征，构建城景互动的园林绿地结构。

到2035年，绿化覆盖率达到45%，绿地率达到35%，人均公共绿地达到20平方米以上（含居住区和单位附属绿地），其中公园绿地11平方米/人。

2. 规划原则

（1）近远结合原则

老城区绿地系统的完善，要从城市更新的角度出发，根据城市的发展水平和诉求，在制定城市绿地系统规划时，既要有远景规划，也要有近期安排，使规划能逐步实施。

（2）城郊结合原则

中心城区绿地系统的构建应当结合城市周边城郊公园的布局统一考虑，中心城区绿地廊道的布局要考虑和周边郊野公园的联系，构建一个系统性的城郊互动慢行空间体系，形成一个城郊结合、山城相楔的绿地网络系统。

（3）系统性原则

绿地系统的塑造应与城市整体的开放空间结构、功能结构及活动的组织有机结合，以便发挥更大的效应。利用城市的自然"山水格局"，确定与城市用地布局相适应的多级园林绿地结构。考虑城市未来的拓展方向和模式，完善城市功能组团分隔，营造自然与人造景观合为一体的绿化网络，满足城市对绿地的各种功能要求。

（4）可达开放性原则

把握公共绿地的主导功能，赋予不同主题并配置相应设施，满足市民多层次、均好、易达的游憩需求。各类绿地应均衡布局，合理配置，便于居民到达，实现城市居民从居住地点出行500米范围内到达最近公共绿地。

（5）生态多样性原则

综合考虑园林绿化的社会、经济、生态效益，在生态和绿化建设中，优化城市生态系统，维护生物多样性，丰富植物种类，发挥植物的多种功能，提高绿地系统生态效益，降低绿地养护成本，营造城市特色景观。

（6）地域特色性原则

从地区自然环境、生态条件、气候特征等方面出发，综合考虑绿地系统的布置形式，构建一个因地制宜、具有当地特色的绿地系统。

7.10.3 规划策略

利用山体绿地和滨水绿地。针对沂源县城市空间和用地呈带型、进深窄的特点，重点利用城市组团边界绿地。如，结合螳螂河的整治和改造，以螳螂河两岸公园绿地建设为重点，实施"一水两岸"绿地建设工程，完善滨水绿带；充分利用城区周边的山体，包括郊野公园、风景区、水源保护地等。从而拉开绿地建设框架，提高绿地公园的服务半径。

大力挖潜城区内小尺度的公园绿地。结合老城更新改造，充分利用整体环境整治、城中村改造、工业企业搬迁等契机增加老城区的绿地配置，尤其按照服务半径，增加社区公园、街头绿地，并结合路网补充升级道路绿化，构建"点、线、面"结合的城市绿地系统。

拓展其他绿地。合理扩建生产绿地，建设重要交通基础设施防护绿地；适当开放单位附属绿地，这类绿地虽在城市规划总图中没有体现，但是对城市绿地率统计影响很大。

7.10.4 城市绿地系统规划

1. 总体构架

规划在中心城区内设置公园绿地、街头公共绿地、滨水公共绿地、生产防护绿地等与城郊生态绿地相互融合，内外联动、共同交织渗透，形成中心城区"两带、三廊、五园、多点"。

（1）两带

山前生态绿带：依托北部山前高价值地区，打造塔山、玉家山、历山等多个郊野公园，构建山前生态景观绿带。

沂河生态绿带：通过沂河生态环境修复与景观风貌营造，打造一条以生态功能为主，兼具旅游游憩体验的滨河生态绿带。

（2）三廊

螳螂河绿廊：完善和提升公共绿地品质，丰富沿岸自然和文化景观。

儒林河绿廊：重点布置城市公共职能，塑造高品质公共景观绿廊。

饮马河绿廊：释放河道生态空间，保护和修复河流保育功能。

（3）五园

指历山郊野公园、北山郊野公园、西山郊野公园、天湖旅游景区、马连山郊野公园、柏子山郊野公园、粮米山郊野公园、螳螂山郊野公园。

（4）多点

包括湿地公园、城市公园、社区公园和微绿地等（见图7.3）。

图7.3　中心城区绿地系统规划

2.公园绿地

公园绿地是指向公众开放，以游憩为主要功能，兼具生态、防灾、美化等作用的绿地。本次规划公园绿地分为城市公园、街头绿地、滨水公共绿地三类，总用地面积3.714平方千米，占城市建设用地的8.6%，人均公园绿地10.6平方米。

（1）城市公园

城市公园是指向公众开放，有一定游憩设施，具有休闲、景观、防灾等综合功能的集中绿地。规划按县级、区级和片区级划分。根据公园现状分布情况、用地发展条件、地形等自然因素。县级公园的服务对象为全体市民，园内有较明确的功能。区级公园服务对象为城市主要组团，服务半径为1000—2000米。片区级公园作为区级公园的补充，服务于城市各居住片区。

（2）街头公共绿地

街头绿地指设有一定休憩设施，具有开敞性和良好景观效果的绿带和小型绿化用地。沂源老城区主要通过用地改造进行配置街头绿地。在老城见缝插针地开辟绿化小广场，按照每500米服务半径配置1处街头绿地的原则，精心结合滨水绿带、道路绿带和防护绿带，构筑物种生存、运行的生态廊道。儒林新区按照300—500米服务半径进行配置，打造生态宜居的园林城市。

（3）滨水公共绿地

中心城区公园绿地主要沿河流水系展开布置，具有加强水土保持、防风引风、水源涵养等生态功能。公园绿地结合沂河、螳螂河、儒林河、饮马河等支流水系空间整治，两侧控制绿地，形成带状绿地。沿滨河绿地结合公共空间和居住区布局，在现状螳螂河滨水公园、六连水公园等水体基础上，结合滨水空间的提升，形成富有韵律的空间序列，重点打造儒林河滨水公共绿地，提升儒林河整体价值，严格控制儒林河两侧绿地宽度。滨河绿带的宽度在城市建成区内各侧不少于20米，城郊要求各侧不少于30米。坑塘、沟渠绿带宽度根据不同地段略有变化，原则上不小于15米。

滨水空间规划建设对沂源县环境和景观质量有着举足轻重的影响，河流水系两岸的绿化应遵循以下原则。

突出地域特点，绿地的布置方式和绿地中的小品应体现沂源县的传统文化和地方特色。

突出防洪意识，河岸的绿化不得影响河流的排洪功能。

突出以人为本，把河渠两岸的绿化当作沂源县休闲景观带来建设，为市民提供品质较高的休憩场地。

突出生态环保意识，重点打造沂河、螳螂河、儒林河和饮马河，作为城市市区内外空气交换的通道以及生物多样性的生物廊道来建设。

3. 生产绿地规划

生产绿地是指为城市绿化提供苗木、花草、种子的苗圃、花圃等圃地。

生产绿地将充分利用大环境绿化带、防护林地和待开发的园林绿化待开辟的苗木、花卉、草坪供应基地。规划与城区内山体、森林公园及城区外绿地结合建设苗圃，但坚决杜绝采挖山体野生乔木用作城市绿化建设。

4. 防护绿地规划

防护绿地主要为沿铁路、公路、高压走廊、河道等线性干道的防护林和片区之间的隔离绿带。卫生防护、美化城市，并连接区域的生态资源及城市绿地，强调连续性、安全引导性和防护性，形成更为稳定的生态空间保护体系。沂源县的工业主要沿沂河北侧布置，对沂河的生态环境和城市景观风貌影响较大，因而防护绿地的设置是城市绿地系统中的重要环节。防护绿地控制标准如下。

（1）高压走廊防护绿带：规划220千伏及以上高压走廊周边设置宽40米左右的防护绿带。

（2）铁路防护绿带：规划瓦日铁路两侧防护绿带控制在50米以上。

（3）高速公路防护绿带：规划青兰高速和沾沂高速两侧防护绿带分别控制在30米以上。

（4）道路防护绿带：城市交通性主干路两侧防护绿带控制在15—20米以上，其他主干路控制在10米左右。

（5）工业园区防护绿带：工业区与生活区之间的防护绿带控制在30米以上。仓储区与生活区之间防护绿带一般控制在20米左右。

5. 广场用地规划

规划3处县级综合性广场，包括文化苑广场、站前广场和市府广场。其中文化苑广场主要服务于老城区；站前广场服务于汽车站人流及车流集散；市府广场结合儒林新区建设，服务于公共服务中心，举办县级大型公共活动。

6. 附属绿地规划

附属绿地是指城市建设用地中绿地之外各类城市建设用地中的附属绿化用地。主要包括居住用地、公共设施用地、工业用地、仓储用地、对外交通设施用地、道路广场用地、市政设施用地和特殊用地中的绿地。

道路绿地对于打造沂源县整体景观风貌至关重要，道路绿化应体现沂源园林城市特点，选择不同当地树种为主要特色的道路景观。

居住区绿地是提升城区居住环境水平的重要元素。老城区应当结合旧区改造尽量增加居住区绿地的面积，改造区绿地率不低于25%。新城区应当对新建居住区的绿地指标标准适当提升，绿地率不低于35%。

7.11 中心城区景观风貌规划

7.11.1 景观风貌特征

1. 鲁中山城

沂源城区坐落于"山东屋脊、鲁山之巅"，山环水绕，具有典型的河谷水城特色和独特的自然生态景观。山水构成了整体城市空间发展的景观和背景。城区被四周的历山、北山、西山和马连山环绕，沂河穿城而过，水鸣声幽，是城市的"母亲河"，还有螳螂河、儒林河、饮马河等河渠水系从城市穿越，给城市带来了丰富的滨水景观资源。

2. 沂水碧城

城区西侧紧邻天湖（田庄水库），天光云影，一碧千顷，静卧于鲁山之阳、沂河之源，滋润着沂源县五分之一的土地。目前，天湖既是沂源城市重要的水源保护区，也是沂源人旅游度假、休憩垂钓和开展水上体育活动的理想场所。

3. 爱情圣城

沂源历史悠久，既是著名的"山东古人类发源地"和"中国牛郎织女传说之乡"，也是齐鲁文化的交界地带和沂蒙山区革命老根据地。目前，沂源已经形成以"牛郎织女传说"为主题的爱情文化、以沂源猿人为主题的生命文化，结合生态文化、红色文化、品牌文化形成五大主题文化。

7.11.2 现状主要问题

1. 老城更新改造压力大，旧城区风貌品质待提升

沂源县城还存在一些城中村、园中村，老城功能高度集中，人口密度较大，老城更新的压力比较大。目前来看，沂源县城老城区的风貌亟待提升，距离规划的山水人居、生态宜居的目标还有较大的距离。

2. 滨河景观通廊初步形成，山水景观可达性不高

沂源城区水系改造提升工作取得显著成效，螳螂河景观通廊改造升级完成，沂河景观提升也在谋划之中，县城滨水景观体系初步形成。此外，沂源大山大水均分布于城区周边，局部地区的高强度开发建设，造成景观视线廊道，山水景观的可达性不高。

3. 城区整体空间品质偏低，风貌特色不明显

县城整体空间品质也有较大的提升空间，城市风貌与山水特色城市存在偏差；水网与山体的保护工作也有待进一步加强，如饮马河水质提升，废旧灌渠的整治利用以及山体视觉通廊等问题。此外，沂河北岸连续的工业布局带来的消极空间。

7.11.3 总体城市设计与景观风貌规划

1. 总体城市设计目标

根据沂源独特的自然景观特征以及历史悠久的历史文化环境特征，结合"高山林海、生态沂源"的发展定位，确立本次总体城市设计的目标为实施"依山傍水，林城相融"的总体城市设计策略，打造"山、水、城、人"相融合的山水花园城市。

充分利用与发扬沂源良好的自然环境条件，把山水自然景观要素引入城市，与城市建设统一考虑，使山、水、城、人四者交融于一体，促成城市整体生态环境的保护、协调与发展。创造高品位的现代城市景观形象，同时保护、发掘、利用其历史人文景观遗存，建立独特的城市形象特色。严格控制近期不具备建设条件的地区。集中力量高标准地对城市景观影响最大、改造效果最显著的局部地段进行改造。

2. 总体风貌定位

沂源城市总体风貌定位为"鲁中山水花园城市"。

3. 规划理念

"理水营城"——梳理县城的水系，营建以螳螂河、儒林

河、饮马河及其支流水系为纽带的特色公共空间体系。

"依山塑景"——保护城区北部山体，通过绿道系统的组织，将城区与山体链接起来，依托城区内东山等缓丘建设山体公园，并有效组织周边地区空间形态。

4. 规划策略

（1）尊重自然山水格局，构建绿色空间体系，提升城市品质意象。确定北部山体生态保护线，控制和引导山前地区的合理开发。

（2）划定河流水系的保护蓝线，优化调整滨水高价值地区的功能安排，打造滨河两岸生态景观绿廊，塑造滨水活力空间特色。

（3）以儒林河新区公共服务中心建设为依托，强化儒林河两岸公共绿地与广场开放空间的营造，整体提升城市空间品质。

（4）以沂河北岸工业区改造为抓手，加快老城区更新改造，补齐环境品质短板，注重老城区传统风貌的保护与营造。

5. 景观风貌格局

规划构建城市内部绿地景观体系，强化城市核心区与外围山体景观带的连通性，总体上构建"两带、三廊、五园、多节点"的景观风貌结构。

（1）两带

北部山前生态绿带——依托北部山地地区打造塔山郊野公园、玉家山郊野公园、历山郊野公园等一系列郊野公园，构建一条休闲生态景观绿带。

南部沂河生态绿带——以沂河为核心纽带，强化两岸生态功能的恢复与重建，将沂河打造成为一条以生态为主，兼市民游憩体验自然的滨河景观绿带。

（2）三廊

螳螂河景观绿廊——以完善和提升公共绿地品质为主，丰富沂河两侧的自然岸线和绿地景观。

儒林河景观绿廊——重点结合城市公共职能布置，打造成为县城未来一条具有城市文化特色的高生态价值公共景观绿廊。

饮马河景观绿廊——以生态保护为主，控制城市生活、生产对生态的破坏和滨水空间的侵占。

（3）五园

规划以天湖旅游景区、历山郊野公园、西山郊野公园、马连山郊野公园、北山郊野公园为依托，构建生态公园绿环，彰显山城风貌特色。

（4）多点

在城区内部形成多处大中小城市公园和街头绿地，构建丰富的绿化景观层次，改善城区的休闲空间品质，形成"绿色斑块镶嵌"的城市绿地景观效果。

6.重点片区设计引导

（1）山前地区

加强山前建设地区的管控引导，建筑高度受城市主要观景节点控制，原则上应确保建筑限高为山体高度的1/3。突出北部自然山体资源的保护和利用，构建自然与城市相互融合的城市生态格局。

（2）河湖片区

以天湖片区的整体保护与开发为依托，合理引导滨水地区的业态功能引入，注重河流水系的连通性改造和滨水地区开放空间的营造，将本片区打造成为沂源未来旅游度假、健康养生和运动休闲的好去处。

（3）儒林河片区

以建设县级综合服务中心为依托，加快儒林河两岸滨水景观环境改造和特色风貌提升的实施进程，突出高品质的城市公共活动空间环境，展现通透、优美的宜居城市风貌。

（4）沂河北岸片区

沂河北岸是沂源重要的产业发展区，应结合滨河两岸生态环境的恢复和重建，强化生态保育功能和休闲体验功能，在功能上，增强滨江地区发展活力，成为城区的地标性地区。

7.12 中心城区道路交通规划

7.12.1 现状特征与问题

1. 现状概况

（1）对外交通

沂源县现状对外交通主要以国道和省道公路为主，缺少铁路等对外交通联系。主要依托国省道，主要线路：济青高速、国道G341（原S329）线、省道S229线、省道S231线。

（2）道路交通

现状中心城区城市建设总用地中，道路与交通设施用地3.434平方千米，占城市建设总用地的8.0%，人均用地9.8平方米。

根据《城市道路交通规划设计规范》（GB50200—95）规定：小城市干道道路网密度为3—4千米/平方千米，建成区干道道路网密度偏低。主要干道横向有博沂路、新城路、鲁山路、振兴路、荆山路、沂河路等，纵向干道主要有南麻大街、历山路、健康路、瑞阳六、润生路、富源路等（见表7.4）。

①主干路：中心城区内主干路形成"八纵六横"的不规则方格网状格局。东西向道路包括博沂路、新城路、鲁山西路、鲁山路、振兴西路、振兴路、荆山西路、荆山路、沂河西路和沂河路。南北向道路包括西外环路（S234）、南麻大街、螳螂河西路、螳螂河东路、历山路、健康路、瑞阳路、润生路、富源路、东外环路（S236）。

表7.4 现状城市建成区主干路一览

序号	道路名称	起止点	长度（米）	道路宽度（米）	断面形式
1	人民路	螳螂河东路—南悦路	7273	15	一块板
2	新城路	历山路—东外环路	5607	36	一块板
3	鲁山西路	西外环路—螳螂河东路	1279	48	三块板
4	鲁山路	螳螂东路—祥源路	4734	36	三块板
5	振兴西路	西外环路—螳螂河东路	1838	30	一块板
6	振兴路	螳螂河东路—瑞阳路	2045	24	一块板
		瑞阳路—东外环路	4436	34	一块板

（续表）

序号	道路名称	起止点	长度（米）	道路宽度（米）	断面形式
7	荆山西路	西外环路—螳螂河东路	3343	36	一块板
8	荆山路	螳螂河东路—润生路	1763	36	一块板
9	开发大道	润生路—沂河路	6098	34	一块板
10	沂河西路	西外环路—南麻大街	1745	15	一块板
		南麻大街—螳螂河东路	1786	30	一块板
11	沂河路	螳螂河东路—宏泰路	5620	15	一块板
		宏泰路—振兴路	4739	30	一块板
12	西外环路	沂河西路—螳螂河东路	4586	15	一块板
13	南麻大街	鲁山西路—沂河西路	2250	68	四块板
14	松山路	鲁山西路—荆山西路	1323	36	一块板
15	螳螂河西路	人民路—沂河西路	3592	21	一块板
16	螳螂河东路	人民路—沂河西路	4385	21	一块板
17	历山路	人民路—荆山路	2750	24	一块板
18	健康路	人民路—螳螂河东路	2340	24	一块板
19	瑞阳路	人民路—沂河路	3625	36	一块板
20	润生路	新城路—荆山路	2226	30	一块板
21	富源路	人民路—振兴路	2502	30	一块板
22	东外环路	南悦路—沂河路	3100	15	一块板

②次干路：中心城区内次干路较为分散，难以形成网络系统。主要次干路包括：南悦路、胜利路、南麻老街、贤山路、药波路、专利园路、祥源路、宏泰路和东岭路等（见表7.5）。

表7.5 现状城市建成区次干路一览

序号	道路名称	起止点	长度（米）	道路宽度（米）	断面形式
1	南悦路	祥源路—东外环路	1759	30	一块板
2	胜利路	历山路—药波路	944	24	一块板
3	南麻老街	螳螂河东路—药波路	1196	14	一块板
4	贤山路	荆山西路—沂河西路	939	24	一块板
		沂河西路—济青高速	1432	14	一块板
5	药波路	胜利路—振兴路	364	16	一块板
		振兴路—荆山路	412	30	一块板
		荆山路以南	602	25	一块板
6	专利园路	振兴路—沂河路	1424	9	一块板
7	祥源路	南悦路—振兴路	1703	24	一块板
8	宏泰路	振兴路—沂河路	1760	20	一块板
9	东岭路	东外环路—沂河路	1368	20	一块板

③支路：中心城区内支路主要分布在老城城区，新建设地区支路较为缺少。

（3）交通枢纽

沂源县现状建有一处火车站，是日瓦铁路主要站点之一，火车站分设货运、客运站，两站相邻，目前该火车站位还未开通客运业务

沂源县现状新建汽车站一处，位于历山路和人民路交会处的东南角，是沂源县重要的对外交通枢纽。

（4）公共交通

沂源县共有公交线路6条，总长104千米，公交车辆27辆。现状设有公交首末站一处，位于振兴西路西首北侧，占地0.013平方

千米。万人拥有公交车辆1.5标台，低于国家规定的中小城市每万人7标台的标准，全县拥有出租车辆数也较少，公共交通发展相对滞后，公共交通设施不足。

（5）社会停车场

中心城区范围内无设施齐备的大型公共停车场。目前达到一定规模的仅有一处，其占地面积约3799平方米，位于儒林集村西，其余皆为企业内部自办的临时停车点。

2. 主要问题

（1）缺乏高效便捷的对外交通联系

在如今区域一体化的时代，对外交通的便捷度已经足以影响到一个城市是否能融入区域以实现快速发展。现状沂源县的对外交通仅仅依靠一条济青高速和一条国道，难以实现对外的高效对接。

（2）过境交通对城市内部交通干扰严重

随着沂源县城市规模的扩大，中心城区的空间范围及发展重点逐步由老城区向北部和东部地区转移，导致大部分过境交通从城区穿越。

（3）内部道路系统不完善、路网不畅

与国家相关规范标准相比，沂源中心城区的路网结构严重失衡，主干路比例偏大，次干路、支路系统不完善，数量偏小、建设等级偏低、道路状况较差，导致主干路的交通压力与交通负荷较大。另一方面三叉路口较多，多处主路交叉都是三叉路口或T型路口，降低交通效率，存在交通隐患。

（4）老城区道路等级低、公共交通设施不完善

老城区内的部分路段原建设标准较低，交通拥堵严重，由于周边已为建成区，改造难度大。如，振兴路、胜利路和历山路等，目前机动车与非机动车混行，道路通行能力受到影响。同时路段两侧均为办公、商贸、医院、学校等公共建筑，车流量大，改建可能性小，随着城区发展，该路段可能成为交通的主要"瓶颈"。

3.规划目标

规划与沂源县城市职能相适应的城市综合交通系统。建立联系便捷、高效的对外区域交通，规划支撑城市快速发展的功能明确、等级分明的城区道路网络，完善公共交通网络，提升公共交通出行环境，改善老城区交通环境，打造多条城市特色景观道。

规划期内交通发展的任务是建成"六个系统"：

（1）高效、便捷的对外交通系统。

（2）合理、完善的道路网络系统。

（3）舒适、高效的公共交通系统。

（4）布局合理、与动态交通相协调的停车系统。

（5）科学、有效的交通管理系统。

（6）宜人、舒适的特色景观道路系统。

4.规划策略

（1）指导思想

优先发展城市公共交通系统，鼓励自行车交通出行，整合多

种交通方式间的协调发展，引导城市合理交通方式结构的形成。

加强城市对外交通建设，带动周边区域发展，提高沂源作为济青高速上节点城市的地位。

加强交通基础设施建设，通过交通发展引导城市合理功能布局的实现。

在交通发展战略中贯穿"理水营城、依山塑景"的理念，通过合理的交通规划实现交通发展与山水保护的相互协调。

（2）城市交通与土地利用协调策略

为保障城市交通与用地协调发展，必须保持土地开发模式与城市交通发展模式的适应性，对于沂源县来说其规划建设策略为：

①调整单中心城市布局结构，减缓中心区交通集中压力

结合城市总体规划确定的布局结构，从单中心集中式用地布局调整为多中心分散组团式的布局模式。对于规划形成的多中心多组团应尽量保证其各类用地的平衡，以减少居民与就业人员日常到中心区的出行，特别是结合工业园区合理配置居住和公共服务设施用地。对中心区的土地开发强度进行控制，避免中心区就业岗位过度集中而导致的交通流集中压力。

②调整用地布局，积极倡导绿色交通，保证交通与土地利用的协调发展

注重儒林新区、工业园区等组团的居住与就业的相对平衡以及商业网点、文体设施、中小学校等配套建设，减少不必要的长距离出行。大型工业用地尽量布置在中心城区外围，并与区域交通设施合理衔接。教育、医疗、商业等服务设施用地尽量均匀地分布在各中心、各组团内。

③以交通走廊的建设引导城市的发展

以公共交通主通道形成中心城区的客运交通走廊；以机动车主通道道路为骨架，形成主城区的机动车交通走廊。客流走廊与机动车走廊在空间分布上分离布置，形成与城市功能和土地利用相协调的交通运输系统。

④建设支撑中心城区发展的交通设施，以合理交通组织和完善道路设施，保障中心区城市功能的发挥

建设外环快速路，提高中心城区外围道路的道路等级，分流中心城区的机动车交通，减少车辆在中心城区客运主通道上的穿行。通过公交专用系统的建立，提高中心城区公共交通的运输服务水平和吸引力，更好地发挥中心城区商业、商务和服务功能。通过中心城区支路及街坊道路的有效利用，实施机非分流，改善自行车交通条件，并完善中心区步行系统。

⑤结合中心城区土地性质，设计不同的道路断面形式，满足中心城区街道多样性功能类型的要求

沂源县中心城区东西向主干路较长，承担着较多类型的城市功能，在道路断面设计时，应综合考虑行人和车辆的通行功能，在保障系统性交通通行的同时，重点考虑沿街建筑的使用功能与活动。同一条道路在经过不同功能的城市片区时，其断面也应有不同的设计安排。街道的活动与沿街建筑及底层的使用功能有较高的相关性，也与街区的空间与功能结构有关。

综合考虑沿街活动、街道空间景观特征和交通功能等因素，可以将道路划分为商业街道、生活服务街道、景观休闲街道、交通性街道与综合性街道五大类型。

（3）公共交通发展策略

优先发展公共交通，充分发挥城市公共交通的作用，提高公共交通的服务水平；设置公交专用道，保障路权使用，增强竞争力；强化公交场站特别是公交港湾停靠站、换乘设施的建设；在新建小区规划建设的同时保留公交线路进入的通道及场站用地。

（4）道路网络发展战略

保持方格网道路格局，重视道路骨架结构的建设，完善路网功能分级和级配。建立自行车道路网络系统，形成自行车交通和小汽车交通相对分离的道路网络。为支持城市"两心、六片区"的中心城区空间布局，优先高标准的进行城市主要干道建设，强化东西方向组团联系的机动车交通走廊。为支持强化老城区的空间发展策略，以完善老城区道路网络为目标，以道路功能层次的完善为主题，完善城市主要干道的整治，提高其通行能力，完善次要干道和支路密度，提高可达性。充分体现山水沂源的城市特色，打造和提升多条滨河景观大道和城市形象大道，营造宜人的街道空间。

（5）交通设施建设与投资策略

重视城市道路及交通设施用地规划，为城市交通不断适应城市发展预留土地。重视自行车交通设施的建设，同时营造良好的步行交通环境。适应机动化发展要求，调整不同性质、规模建设项目的停车配建指标，加快城市公共停车场建设，尤其城市中心区的停车设施。加强公共建设项目配套停车场建设，鼓励推广建设营业性停车场（库）和路边停车设施，促进内部停车场（库）向社会开放，加强停车管理。建立稳定、多元化的投资机制，促进城市交通的良性发展。

（6）交通管理策略

加强现代化交通管理设施建设，加强城市交通指挥中心建设，提高交通管理的科学化水平，结合实际实施交通需求管理，改善交通安全和交通秩序，缓解交通拥堵。充分利用不同等级的道路特别是骨干道路系统来制定科学的交通流组织，从宏观上调节城市交通流，平衡城市交通流量。推广交通工程技术，优化交叉口渠化设计，充分利用不同等级的道路系统合理组织交通，缓解交通拥挤。健全交通法规，加强交通宣传教育，建立完善的交通管理保障体系。完成对现状市场占道的改造，特别是城市中心区各类市场附近的市场占道，恢复道路的交通分流功能。

7.12.2 城市道路系统规划

1. 道路网规划原则

2. 道路网络规划

（1）道路网络结构

结合城市空间布局、出行需求分析、客货交通源和集散点的分布、交通流向等因素，统筹考虑区域交通网络衔接，本次规划确定城市道路网络由快速路、主干路、次干路、支路四级城市道路所构成。

快速路主要承担片区间快速连接、组织过境交通两大职能，是交通性道路。快速路是城市交通运输的主动脉，是各片区间主要的联系道路，与高速公路、市域干线道路等区域性交通通道相衔接。其道路横断面根据交通联系的实际需求，以及沿线的城市用地性质、开发强度采用封闭或半封闭的形式。在不影响城市建设的前提下，尽量减少道路开口，在有必要增加开口路段可采用主辅路的断面形式。

主干路是片区内的道路网主骨架，连接各个城市功能分区，主要承担片区内的中长距离的城市交通职能，为城市客货运交通服务兼容生活性功能。道路断面多采用三块板的机、非分离形式，沿路两侧用地严格控制出入口，平交路口采用渠化设计。

次干路对主干路起交通集散作用。为城市居民生活服务兼有交通性功能。次干路将不同类型的交通流量通过支路或直接分散到片区的各地块内，是城市较大规模用地的直接服务道路，允许沿路布局商业、行政等交通吸引力较大的用地，是布置公共建筑、社会停车场、公交站点和出租车服务站的主要道路。

支路是主干路和次干路的分流道路，主要承担片区内局部的交通联系和短距离的交通出行，是城市地块的直接服务道路。

城市片区间整体上形成由快速路相连接、主干路为补充，片区内以主干路为主骨架的城市道路网格局。在规划期内形成"一环、五横、十纵"的道路网络结构（见表7.6）。

表 7.6 骨干道路功能组织

路网结构	道路名称	道路等级	道路功能	优先等级
"一环"	北外环	快速路	机动车主通道	机动车
	东外环	快速路	机动车主通道	机动车
	南外环	快速路	机动车主通道	机动车
	西外环	快速路	机动车主通道	机动车
"五横"	博沂路	主干路	机动车主通道	机动车
	鲁山路	主干路	客运主通道	机动车
	振兴路	主干路	机动车主通道	公交车、自行车
	荆山路	主干路	机动车主通道	机动车
	沂河路	主干路	客运主通道	公交车、自行车
"十纵"	西岭路	主干路	机动车主通道	机动车
	松山路	主干路	机动车主通道	机动车
	健康路	主干路	客运主通道	公交车、自行车
	瑞阳路	主干路	机动车主通道	机动车
	润生路	主干路	机动车主通道	机动车
	祥源路	主干路	机动车主通道	机动车
	儒林一路	主干路	客运主通道	公交车、自行车
	儒林二路	主干路	客运主通道	公交车、自行车
	兴源路	主干路	机动车主通道	机动车
	悦庄路	主干路	机动车主通道	机动车

（2）快速路

规划4条城市快速路，包括北外环、东外环、南外环和西外环。快速路是衔接城市道路与高速公路、市域干线道路的主动脉，承担片区间快速连接、组织过境交通两大职能。

（3）主干路

规划主干路15条，包括博沂、鲁山路、振兴路、荆山路、沂河路等。主干路连接各个城市功能分区的骨架，主要承担片区内的中长距离的城市交通职能，兼具部分生活性功能。

（4）次干路

规划次干路20条，包括新城大道、兴源西路、富源路、祥源路、胜利路等。次干路以生活性功能为主导，是布置公共建筑、社会停车场、公交站点和出租车服务站的主要道路。

（5）支路

是主干路和次干路的分流道路，主要承担片区内局部的交通联系和短距离的交通出行，是城市地块的直接服务道路。

3. 道路横断面形式

（1）规划原则

①应与道路功能相结合。交通性干路两侧实现人车分流、快慢分流、对向分流，车行道设4—8车道，人行道宽3—5米。生活性干路以行人及客运交通为主，车行道一般为四车道。

②应满足城市道路绿化功能。红线宽度大于50米的道路绿地率不小于30%；红线宽度40—50米的道路绿地率不小于25%。种植乔木的分车绿带宽度不得小于1.5米；主干路上分车绿带宽度不宜小于2.5米；行道树绿带宽度不得小于1.5米。路侧绿带宜于相邻的道路红线外侧其他绿地相结合。

③应满足车道宽度要求。平均一条车道宽度一般采用3.5米，如车速大于50千米/小时，车道宽度则宜采用3.75米。城市非机动车道宽度一般采用4.5米、6.0米或7.5米。机动车、非机动车混合行驶的车行道宽度宜为10.0米、12.0米、14.0米或18.0米。

④应满足人行道宽度要求。总宽与单侧人行道宽度的比例宜为5：1到7：1之间。城市道路上，一条步行带的宽度一般为0.75米；在医院、学校、大型商店附近，及全县域生活性干路上则采用0.85—1.0米。在城市主要道路上，单侧人行道步行带的条数，一般不宜小于6条，次要干路上不少于4条，住宅区道路和多层建筑的街坊内则不少于2条。

⑤横断面布置应满足分车带宽度要求。根据分车带的作用和位置不同，分车带分为中间带及外侧两种，其最小宽度如表7.7所示。

表 7.7　分车带最小宽度

类别		中间带		两侧带	
设计速度（千米/时）		≥60	<60	≥60	<60
路缘带宽度（米）	机动车道	0.50	0.25	0.50	0.25
	非机动车	—	—	0.25	0.25
安全带宽度Wsc（米）	机动车道	0.50	0.25	0.25	0.25
	非机动车	—	—	0.25	0.25
侧向净宽W1（米）	机动车道	1.00	0.50	0.75	0.50
	非机动车	—	—	0.50	0.50
分隔带最小宽度（米）		2.00	1.50	1.50	1.50
分车带最小宽度（米）		3.00	2.00	2.50 (2.00)	2.00

（2）规划标准

依据道路横断面布置原则，进行道路横断面布置如表7.8所示。

表 7.8 道路横断面布置一览

道路等级	道路红线（米）	断面形式（平方米）	车道宽度（米）	车道数（条）
城市主干路	45—55	2—4	3.75	4—6
城市次干路	40—50	1—3	3.5	4
城市支路	15—30	1—2	3.5	2

4. 交叉口控制规划

城市交通网络在运行上起重要作用的交通节点包括：交通量集中的交叉口、重要道路沿线的交叉口、交通流种类繁多的交通节点以及在城市政治、经济和社会活动中要求重点管理的交通节点。

（1）控制原则

根据相交道路的等级、交通流量预测状况、公共交通站点的设置情况、交叉口周围用地的性质与用地布局来确定交叉口的形式及其用地规模。

主要道路的交叉口考虑渠化设计，以增加道路的通行能力。

交叉口用地要满足未来交叉口改善的要求，预留控制，分期实施，逐步完善。

（2）控制要求

与快速路交汇的道路数量应严格控制，次干路、支路不能直接与快速路相交，可与平行快速路的道路相接，或者与快速路的辅路相接。

支路与主干路相交时，利用交叉口的信号灯组织交通，或禁止支路上机动车直行和左转。

主干路以上路口预留立交规划用地，根据相交道路级别及路口交通流量，进行重点路口交通工程设计。

次干路以上路口进行拓宽渠化改造（见图7.4）。

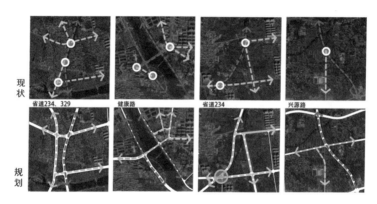

图 7.4　交叉口改造示意

7.12.3 公共交通规划

1. 发展策略

推进"公交优先"发展战略。主要包含以下三个层次的内容。

（1）优先发展常规公交，包括加大对公交线网和场站建设、公交车辆车型更新等的扶持力度，努力提高公交出行的吸引力和分担率，使公共交通在出行时耗、出行费用、舒适度、安全性等方面更具有吸引力，从而实现公交系统的优先发展。

（2）适时发展快速公交。快速公交系统是一种高品质、高效率、低耗能、低污染、低成本的公共交通方式，通过采用先进的公交交通车辆和高品质的服务设施，通过专用道路空间来实现快捷、准时、舒适和安全的服务。发展快速公交系统包含设定公交车专用路权（公交专用道），配备大容量智能化的先进的车辆，建设设施齐备的公交车站，面向乘客需求的线路组织，以及智能化的运营管理系统五个方面内容。

2. 场站设施规划

场站设施综合用地按200平方米/标台，至规划期末，公交场站用地约需0.3平方千米。

（1）公交停车场

停车场对应承担车辆的运营、停车和低保（包括零修、线路抢修、加油、车辆外部清洗等）工作，停车场规模按100—150辆考虑。

7.12.4 停车系统规划

1. 规划布局原则

盘整用地存量，增加停车设施，满足社会车辆停车需求。

控制中心地区的停车泊位供给，大力发展公共交通，减少私人小汽车对城市停车资源的使用。

在城市边缘地区和对外出入口规划停车场，满足过境车辆的停放需求。

加强城市配建车位指标的规划管理，尽量在地块内部解决车辆停放问题。

2. 停车需求分析

按照《城市道路交通规划设计规范》规定，城市公共停车场用地总面积按规划人口每人0.8—1.0平方米计算，其中机动车公共停车场用地占80%—90%，自行车停车场的用地宜为10%—20%。中心城区机动车公共停车场停车位数的分布，在市中心和分区中心地区，应为全部停车位数的50%—70%；在城市对外道路的出入口地区应为全部停车位数的5%—10%；在城市其他地区应为全部停车位数的25%—40%。

3. 公共停车场布局规划

规划公共停车场17处，可结合具体城市建设用地地块配置，优先保障商业、商贸片区和大型枢纽集散节点的停车需求。

4. 配建停车指标

结合沂源社会经济发展特点，补充和细化部分建筑类别，增加用地停车配建指标。同时，根据不同片区，分别制定建筑物配建指标，体现分区供应原则。城市新建成区严格控制配建标准，旧城改造片区配建标准可适度放宽（见表7.9）。

表7.9　中心城区停车配建建筑物分类及分区调控系数

建筑		计算单位	配建指标	调控系数	
第一层次	第二层次			旧城改造片区	新建城片区
住宅	户均建筑面积超过200㎡	泊位/户	2.0	0.9	1.0
	144㎡≤户均建筑面积<200㎡	泊位/户	1.5	0.9	1.0
	90㎡≤户均建筑面积<144㎡	泊位/户	1.0	0.9	1.0
	户均建筑面积<90㎡	泊位/户	0.5	0.9	1.0
	保障性住房	泊位/户	0.4	0.9	1.0
	集体宿舍	每100㎡建筑面积	0.2	0.9	1.0

（续表）

建筑		计算 单位	配建 指标	调控系数	
第一 层次	第二层次			旧城改造 片区	新建城 片区
办公	行政办公	每100㎡ 建筑面积	1.5	0.9	1.1
	金融、外贸、商务办公		1.5	0.9	1.1
	其他办公		1.0	0.9	1.1
商业	百货店、大型超市	每100㎡ 建筑面积	0.5	0.8	1.2
	小型超市、便利店、专卖店		0.3	0.8	1.2
	菜市场		0.2	0.8	1.2
	购物中心、专业市场、仓储式 商场		1.5	0.8	1.2
	四星及以上级宾馆		2.0	0.8	1.2
	四星级以下宾馆		1.0	0.8	1.2
	餐饮娱乐		1.5	0.8	1.2
工业	厂房	每100㎡ 建筑面积	0.3	0.9	1.1
	仓库		0.2	0.9	1.1
公园	综合公园、主题公园	每1000㎡ 占地面积	0.8	0.8	1.1
	其他公园		0.2	0.8	1.1
文体	大于4000座的体育馆、大于 15000座的体育场	每100座	1.5	0.8	1.2
	小于4000座的体育馆、小于 15000座的体育场	每100座	2.0	0.8	1.2
	影剧院	每100座	3.0	0.8	1.2
	博物馆、图书馆、展览馆	每100㎡ 建筑面积	0.8	0.8	1.2
	会议中心	每100座	6.0	0.8	1.2
医疗	县级医院	每100㎡ 建筑面积	1.5	0.9	1.1
	区级医院		1.0	0.9	1.1
	社区医院		0.6	0.9	1.1
	独立门诊		0.6	0.9	1.1

（续表）

建筑		计算单位	配建指标	调控系数	
第一层次	第二层次			旧城改造片区	新建城片区
教育	大中专院校	每100学生	5.0	0.8	1.0
	中学		1.0	0.8	1.0
	小学、幼儿园		0.8	0.8	1.0
交通枢纽	汽车站、火车站	每高峰日1000旅客	3.0	0.8	1.0

5. 规划、建设和管理建议

统一规划，按照规划预留公共停车场用地。不管新区开发还是旧城改造，发展规划必须包含公共停车场规划，中心区改造宜优先考虑停车场用地。

结合土地开发和大型公建进行停车场建设。规划部门宜确定出各土地开发和大型公建项目除自备车停放泊位之外，应综合建设的公共停车场的泊位数。路外大型停车场库的建设可根据需求分阶段进行。

加强停车场的法规制定工作，尽快制定沂源县停车场建设和管理的地方性法规，以便依法进行建设和管理。

鼓励社会兴办停车设施，可采取多渠道、多种经济成分，根据统一的经营管理法规和税收制度进行，谁建设、谁经营、谁受益。

7.12.5 慢行系统规划

在老城区内部及滨河道路两侧营造特色景观风貌步行空

间，并系统规划与外部道路步行系统的合理衔接。

以主要居住区为起点，打造步行与自行车系统，鼓励采用步行与自行车方式出行。

重视公交枢纽周边步行集散道路的规划，促进"步行+公交"出行方式的建立。

在城市主要人流汇集处和开放空间处可设置自行车租赁点，构建完善的自行车租赁系统。

1. 自行车交通

沂源县作为一个小县城，城市通勤距离较短，自行车是中短距离出行的理想交通工具，也是居民生活的组成部分。自行车交通有利于提升城市环境质量，符合绿色出行的要求。因此，需要对自行车交通采取积极的、扶持性的交通政策，为自行车交通创造更为安全、更为方便的使用环境。

（1）自行车交通政策

提倡自行车交通方式，为自行车交通创造安全、便捷和舒适的交通环境，使自行车交通在未来城市交通体系中继续扮演重要角色。

（2）规划和实施的原则

自行车道布局与土地使用规划紧密结合，特别是与商业服务业等城市公共服务设施直接连接，方便市民生活；在次干路及以上等级的道路上，机动车道和自行车道之间实行物理隔离，消除相互干扰，保证自行车交通的安全和通畅；采取有效措施，消除公共交通停站时对自行车交通的妨碍和威胁；居住区、公共设施要为自行车提供足够的停车空间和方便的设施，公共交通车站、公共交通枢纽地区要为自行车驻车换乘提供良好和方便的条件，改善自行车与公共交通的换乘环境；改变机动车停车占用自行车道路资源的状况，道路资源的分配要体现公平性与合理性；根据未来自行车旅游和休闲健身的需求，在旧城、郊野公园等处可以考虑开辟旅游性自行车专用道；对现行自行车停车收费制度进行改革，提高自行车交通吸引力；保证自行车道合理宽度，保持路面平整。

2. 步行交通

步行交通是城市居民出行方式的重要组成部分。步行交通环境是反映城市文化和以人为本精神的重要窗口。无论是现在还是将来，步行交通都将在沂源综合交通体系中扮演重要角色。

（1）步行交通政策

提倡步行，实行步行者优先，为包括交通弱势群体在内的所有步行者创造良好和安全的步行环境。

（2）规划和实施的原则

在道路规划、投资、建设和管理上做到步道与车行道同步，实行步行者优先的交通政策。在道路日常维护中，要保证行人的通行条件和安全；保证道路两侧步道的有效宽度、连续性和路面平整，保证交通弱势群体的正常通行条件；步行系统设计要体现以人为本的原则，行人过街设施以平面形式为主，立体方式为辅。行人过街信号应保证充足的过街时间。按照无障碍设计规范，实现步道和过街设施的无障碍化；步道和自行车道、步道和机动车道之间实行物理隔离，保证行人不受自行车和机动车的干扰，确保行人的安全；研究停车与道路绿化相结合的方式，加强管理，改变停车占用步道的状况，体现道路资源分配的公平性与合理性，保证步行空间和步行者安全；制定步行街规划。根据交通状况，结合商业、旅游网点建设，提出与土地使用、城市风貌、城市文化相协调的步行街规划。

3. 新能源汽车发展

以纯电动、插电式混合动力、燃料电池新能源汽车为重点，采取政策扶持和鼓励引导相结合的措施，在公交、出租、公务、环卫、邮政、物流、观光及私家车等领域，推广应用新能源汽车。

推进配套充换电设施建设。在新能源汽车4S店、车辆分时租赁点、社会公共停车场、大型商圈，以及具备建设条件的加油站、旅游景点、路侧停车等重点区域，布置公用充换电设施。鼓励采用旧小区改造、新建小区配建等措施，在居住区停车场建设充换电设施。

7.13 中心城区市政基础设施规划

7.13.1 给水工程规划

1. 供水现状概况

目前，沂源县城市供水水源主要为中心城区地下水源和天湖。其中，中心城区地下水源主要供城市生活和部分工业用水，天湖主要供给工业大用户的工业用水。由于历史的原因，沂源县供水格局为多头管理，中心城区主要生活饮用水由县自来水公司负责供给，工业用水由天湖工业供水站和企业自备水源供应。

（1）现状水源

自来水公司现有5处地下水水源地和1处地表水水源地。地下水水源地其中2处为深井水源，2处为大口井水源，1处为引泉供水水源，由于受季节影响，供水能力不稳定，地下水水源地设计最大供水能力为每日6万立方米，而实际平均日供水量2.5万立方米。地表水水源地是指田庄水库工业供水，设计供水能力为每日3万立方米，而实际年供水量为440万立方米。中心城区内部分居民和部分工业企业的自备水源，年供水能力为15万立方米。东高庄、南麻二村、西台、东沙沟村新建自备井，取当地地下水源，供应本村及周围城区居民生活用水，年实际供水能力为30万立方米。天湖工业供水站属田庄水库管理处，为中心城区主要工业区提供工业用水，年供水量320万立方米。大的厂矿自备水源年供工业水量720万立方米（见表7.10）。

表7.10 中心城区现状水源地一览

序号	水源名称	设计日供水量（万吨）	实际日供水量（万吨）	井深（米）	备注
1	城西深井水源	0.7	0.4	170	符合国家生活饮用水卫生标准，供应螳螂河以西居民生活用水
2	芝芳深井水源	0.5	0.4	150	符合国家生活饮用水卫生标准
3	响泉、龙洞泉水源	1.0	1.5	20	符合国家生活饮用水卫生标准

（续表）

序号	水源名称	设计日供水量（万吨）	实际日供水量（万吨）	井深（米）	备注
4	钓鱼台水源	3.0	——	10	年供水5个月，年供水300万立方米，水质差
5	北刘庄水源	1.5	1.0	11	2016年11月起已改为供工业用水水源
6	天湖	3.0	——		工业用水，现实际年供水量440万立方米
7	企业自备水源	——			年供应工业用水151万立方米，还供应少量生活用水

（2）给水设施现状

沂源县目前有两座水厂，分别是：综合净水厂和历山水厂。综合净水厂位于中心城区北部，历山水厂以西，占地22.1亩，设计日净水处理能力3万吨，第一期工程日净水处理能力1.5万吨。主要是采用深度净化处理工艺，对沂河大口井水源和钓鱼台大口井水源进行净化处理，处理后的水输送到历山水厂的清水池进行消毒处理后送至配水管网。

历山水厂位于中心城区北部，综合净水厂东侧，设计日供水能力3万立方米，运行时出厂水压力为0.35兆帕。

沂源县中心城区现状有自来水公司加压站、历山水厂加压站、城西深井水源地内供水一站、供水二站、天湖工业供水站共五处供水站。自来水公司加压站位于中心城区南部，占地9亩，设计日供水能力1.5万立方米，公司加压站作为备用供水加压站，运行时出厂水压力为0.52兆帕；历山水厂加压站设计日供水能力3.0万立方米；城西深井水源内有供水一站、供水二站，位于中心城区西南部，设计日供水能力0.7万吨，实际日供水量为0.8万吨；天湖工业供水站，设计日供水能力3.0万立方米，实际日供水量1万立方米左右。输配水管道10.8千米，建有1万立方米高位水池和2000立方米水池各一座。

2. 供水工程规划

（1）供水水质

居民生活饮用水水质：城市居民生活饮用水，水质必须达到《生活饮用水卫生标准》（GB5749—2006）规定的要求。

再生水水质：城市统用再生水，水质必须符合《城市污水处理厂污染物排放标准》（GB18918—2002）一级A规定的要求。其他行业用水水质，应符合相应的再生水质标准。

农业与生态水水质：①农业用水灌溉用水必须满足《农田灌溉水质标准》（GB5084—92）的要求；农田灌溉用于城市污水再生水的必须满足《城市污水再生利用农田灌溉用水》（GB20922—2007）规定的要求。②渔业养殖用水水质必须满足《渔业水质标准》（GB11607—89）的要求。③生态用水水质必须满足景观用水要求。

（2）供水原则与目标

城区统一规划供水系统，逐步取消自备井取水，提高供水可靠性。2035年城区集中供水率达100%。

保证供水水质，饮用水水源达标率100%。

建设节水型社会，提高水资源利用效率，减少水资源浪费，供水管网漏损率降低到10%以下。

（3）用数量预测

根据《城市给水工程规划规范》（GB50282—2016），人均综合生活用水量指标：在山东省内，人口小于20万的小城市为150—400升/人·天，人口在20万—50万的中等城市为200—450升/人·天。结合沂源县现状及未来发展的实际情况，2035年沂源中心城区人均综合生活用水取300升/人·天。

2035年沂源县中心城区规划人口35万，则城区最高日用水量为10.5万立方米，年用水量约3800万立方米。

3. 水源规划

（1）水源配置规划

规划近期继续使用城西北深井地下水水源地和沂河大口井、钓鱼台大口井地下水水源地，开发响泉、龙洞泉水源；远期启用城北九龙泉地下水源、红旗水库、北营水库、天湖。规划天湖作为生活饮用水水源地，扩大供水规划，提高供水标（见表7.11）。

表 7.11 规划水源配置一览

水源地	供水能力/库容	年限	取水量（万立方米/日）
城西北芝芳水源地	0.4万立方米/日	2025	0.4
		2035	0.4
沂河大口井水源地	0.8万立方米/日	2025	0.8
		2035	0.8
钓鱼台水源地	300万立方米/年（0.8万立方米/日）	2025	0.8
		2035	0.8
响泉、龙洞泉水源地	1万立方米/日	2025	1
		2035	1

（续表）

水源地	供水能力/库容	年限	取水量（万立方米/日）
城北九龙泉水源地	1万立方米/日	2025	0
		2035	1
北营水库	284万立方米	2025	0.5
		2035	0.5
天湖	6800万立方米	2025	6.5
		2035	8
红旗水库	770万吨	2025	0
		2035	3

水厂：保留现状历山水厂（设计供水能力3万立方米/日）、现状综合净水厂（设计净水能力3万立方米/日）。新建两处水厂：东部水厂及北部水厂。

东部水厂已有建设意向，位置在三悦路与华山路南交叉口，用地约0.04平方千米，日供水能力4万立方米，一期日供水能力2万立方米。主要供应高新技术产业园工业企业用水。

北部水厂主要为县城东部提供生活用水，日供水能力4万立方米，用地规模约0.04平方千米。

（2）给水管网规划

规划采用环状与枝状相结合的供水管网，给水主干管管径宽度为DN1000，主干管管径宽度为DN200—DN600。充分利用中心城区现状给水管网，结合道路建设形成较为完整的供水环网，从而提高城市供水保证率，确保城市供水可靠安全。

（3）消防给水规划

沂源县中心城区规划人口规模为30.0万人，参照国标《建筑设计防火规范》（GBJ16—87），按同一时间发生火灾二次，中心城区室外消防用水量按55升/秒考虑。消防给水系统采用与生活、生产统一的低压给水系统，消防给水管网同生活用水管网结合布置。

7.13.2 排水工程规划

1. 现状概况

（1）污水处理厂现状

沂源县现状有两处污水处理厂：沂源县污水处理厂以及污水处理厂新厂。位于沂源县经济开发区，日均处理能力为4万吨，污水回用率为50%，污水处理达到二级排放标准，全县生活污水及工业废水直接排入污水管网。

（2）现状排水管网

沂源县城排水体制现状为雨污合流的排水体制，部分居住区、单位污水无组织排放，部分新建道路地区为雨污分流制。污水由管道进入污水厂，雨季时溢流污水排入沂河河道，造成沂河水水质污染。

老城区内在新城路、瑞阳路、振兴路已建成部分雨水管道。

（3）存在问题

①大部分老城区排水体制为合流制，需进行改造。

②现有排污系统尚不完善。

③县城排水缺乏专项规划指导，新建小区排水工程整体协调性差。

④受纳水体污染较为严重，河道治理措施不完善。

2. 污水规划

（1）规划目标

建立完善的污水收集系统，污水管网覆盖率及污水集中处理率达到100%。污水处理厂出水水质达到一级A标准。

（2）排水体制

中心城区实施排水系统雨、污分流制。

（3）污水排放量预测

中心城区污水排放系数取 0.8，远期平均日污水排放总量8.4万立方米。

（4）污水处理厂

保留现状两处污水处理厂，远期扩建原污水处理厂至日处理污水能力10万立方米。

（5）污水管网布置

充分利用地形考虑污水管网建设，尽可能在管线较短和埋深较小的情况下，让最大区域的污水自流排放。

规划结合现状污水管线，在道路中心线西或者北侧布置污水管网，管径DN300—DN1500，若道路宽度超过36米，则道路两侧敷设管网。

污水管道一般布置在城市道路的非机动车道下面。当管道埋深超过6米时，应设污水提升泵站，建设按规模、性质确定，应符合《城市排水工程规划规范》（GB50318—2000）的规定，同时与周围的居住、公共建筑保持必要的防护距离。

3．雨水规划

（1）规划原则

至规划期末，城市年径流总量控制率达到70%。建设海绵设施，充分发挥城市自身的蓄水能力，变快排为慢排，削减地表径流，形成自然渗透、自然积存、自然净化的生态化排水系统，最大限度地减少城市开发建设对生态环境的影响。

充分利用现状规划干渠，雨水以分散就近排放为原则规划雨水管道，实现分区排放。

全面疏浚河道，提高城区排涝能力，保障城市排水安全。

（2）排水干渠规划

县城地势自西北向东南倾斜，地形比较复杂。按照河道水系的分布及地形坡度，整个规划区雨水排放可划分沂河排水区、螳螂河排水区、儒林河排水区、饮马河排水区。

（3）雨水管道规划

完善城区排水系统，各排水分区以自排为主，辅以抽排。当外河水位低于内河水位时，通过排水闸自排，当外河水位高于堤内内河水位并遭遇暴雨时，利用泵站抽排。

城区内雨污河流的排水管道，逐步改为雨水管道或污水管道。

7.13.3 电力工程规划

1．现状概况

（1）电源现状

沂源县中心城区内供电公司所属35千伏及以上变电站7座，

总容量59.5万千伏安；其中，220千伏变电站1座，容量30万千伏安；110千伏变电站2座，主变容量合计18.15万千伏安；35千伏变电站4座，主变容量合计11.35万千伏安。

中心城区企业自备变电站有鲁阳变电站、药玻公司变电站、瑞阳公司变电站、联化变电站、热电厂变电站、新电厂变电站、沃源变电站（见表7.12）。

表7.12 中心城区内供电公司所属35千伏及以上变电站现状统计

电压等级	序号	变电站名称	变电站位置	装机容量（万千伏安）	占地面积（平方米）	建成年限
220千伏	1	沂源变电站	县城西部（城区）	2×15		2002.10
	2	悦庄变电站	县城东部（城区）	2×18		2014
合计				66	—	—
110千伏	1	荆山变电站	县城西部（城区）	1×3.15+1×5.0	4800	1973.6
	2	儒林变电站	县城东部（城区）	2×5.0	2380.78	2003.7
	3	前崖变电站	县城北部（城区）	2×5.0	18890	2013
	4	沙沟变电站	县城南部（城区）	2×5.0	2749	2014
合计				38.15	—	—
35千伏	1	南麻变电站	县城西部（城区）	1×1.25+1×1.0	4389.9	1991.11
	2	城中变电站	县城中部（城区）	2×1.0	525	1998.11
	3	城南变电站	县城南部（城区）	2×1.6	900	2004.9
	4	东苑变电站	县城东部（城区）	1×2.5+1×1.0	1200	2004.12
合计				11.35	—	—
总计				115.5	—	—

（2）电网现状

目前沂源县中心城区电网已基本形成以220千伏为主供电电

源，35—110千伏为高压配电网，10千伏为中压配电网，380/220伏为低压配电网的电网网络。

2. 规划原则

（1）规划网络具有灵活适应性，能够满足网络的扩展、供电量的增长、中心城区的发展和环境的变化。

（2）规划网络应具有先进性，推进新技术、新材料、新工艺和新设备的应用，提高供电网络的经济效益。

（3）确定适当的容载比，配置相对充足的供电容量和能力。

（4）在建设相对可靠的一次网络的基础上，加强配电网自动化系统建设，保证对用户的服务。

（5）适应沂源县总体发展规划，要着眼于近期改造建设，使电网建设不重复、不脱节，近远期相结合，而且与社会及环境状态协调一致。

（6）远近结合，在充分、有效地利用现有网络和设施的基础上，改造和完善中心城区电网。

3. 负荷预测

中心城区用电负荷预测采用用地分类指标法进行负荷预测。中心城区总用电负荷同时率按0.6计算，预测2035年中心城区总用电负荷约为749兆瓦（见表7.13）。

表7.13 中心城区各用地用电负荷预测

用地分类	用地面积	综合用电指标	合计
	（平方千米）	（千瓦/平方千米）	（千瓦）
居住用地	15.272	15000	22908
公共管理与公共服务设施用地	2.4	40000	96000

（续表）

用地分类	用地面积 （平方千米）	综合用电指标 （千瓦/平方千米）	合计 （千瓦）
商业服务业设施用地	3.096	50000	154800
工业用地	8.232	30000	246960
物流仓储用地	0.328	3000	984
道路与交通设施用地	3.434	2000	6868
公用设施用地	0.354	20000	7080
绿地与广场用地	3.714	2000	7428

4.电力工程规划

（1）电源规划

规划保留220千伏沂源变电站、220千伏悦庄变电站、110千伏荆山变电站、110千伏儒林变电站、110千伏前崖变电站、110千伏沙沟变电站、35千伏南麻变电站、35千伏城南变电站、35千伏城中变电站、35千伏东苑变电站。保留现状企业自备变电站。远期对220千伏沂源变电站进行扩容，再增加180兆伏安变压器一台。

规划新建一热电厂，位于经济开发区内，开发区公园以南。

220千伏输变电工程目标：优化电网结构，供电能力满足近远期负荷发展的需要，规划新建220千伏悦庄变电站一处，位于悦庄镇南疃庄村。

规划新建110千伏变电站三处，一处为消水110千伏变电站，位于汶河路以西，荆山路以北，瑞阳工业园厂区内。一处为苗山110千伏变电站，位于汶河路以西，嵩山路以南。一处为北刘110千伏变电站，位于沂源县城区西南侧，沂河以南，南麻大街以西。

（2）线路规划

变电站出线尽量考虑两回及以上接线，220千伏电网尽可能形成环式结构；110千伏采用从单回到双回辐射式或环式结构；35千伏配电网络，满足"N—1"原则，系统容量按表中设置。

10千伏中压配电网：每10000千瓦负荷应建设一个10千伏开闭站，且开闭站最大转供负荷不得超过15000千瓦。

优化电网结构，缩短低压供电半径，合理配置无功补偿装置，进一步提高供电可靠性，降低电网损耗。

高压架空线路及保护线规划原则：

高压线路原则上采用窄基铁塔或钢管型杆塔。路径确有困难时，送电线路进入中心城区可采用多回路同杆架设，以解决走廊拥挤的矛盾，减少占地面积。高压走廊宽度，应严格220千伏线路走廊宽度30—40米保护、110千伏线路走廊宽度15—25米保护、35千伏线路走廊宽度12—20米保护，并宜取高值，为将来可能的电压调整预留条件。

7.13.4 电信工程规划

1. 存在问题

（1）管线的建设存在各自为政现象，设施共建共享的建设相对滞后。

（2）通信管线的入地率较低，入地率有待提高。

2.电信需求量预测

表7.14 沂源2025年及2035年电信需求量预测

年份	总人口（万人）	固定电话数量（万门）	固定电话普及率（部/百人）	移动电话数量（万门）	移动电话普及率（部/百人）	有线电视用户数（万户）	有线电视入户率	宽带用户数（万户）	宽带普及率（口/百户）
2025年	28	11.2	40	21	75	8	90	6.1	70
2035年	35	13.5	50	27	90	15.0	95	12	80

3.通信设施规划

规划建设和扩容移动通信设施，包括基站、配套机房和光缆传输线路，优化移动通信网络和服务。

远期将根据覆盖优化和话务优化的要求，对交换机容量以及基站的数量进行扩容。

4.邮政设施规划

规划保留现状邮政局1处。中心城区新增1处邮政支局和2处邮政报刊亭；远期新增2处邮政支局和2处邮政报刊亭。

5.广播电视设施规划

加快有线网络改造，进一步增加光节点数量，中心城区基本实现光纤到楼宇。加大数字电视推广力度，尽快实施中心城区有线电视数字化改造。

6. 管网规划

规划中心城区建立由主干、次干和一般通信管道组成的通信管道体系。主干预留18—24孔、次干预留12孔、一般通信管道预留6—8孔。通信管道采用PVC塑料管，管径为Φ14。旧城内的通信管道应结合旧城改造进行改造敷设，新区的通信管道与新建道路和新建居住区同步一次建成，管道的敷设必须符合《城市工程管线综合规划规范》（GB50289—98）中的有关规定。

7.13.5 燃气工程规划

1. 现状概况

现状沂源中心城区有1座天然气门站（西鱼台村西侧门站）、3座液化气站（鲁峰液化气站、东源液化气站、恒源液化气站）和1座CNG储配站，现状CNG储配站设计最大供气能力4000N立方米/H，占地面积9950.33平方米。

现状实际管道天然气用户只有6000余户，管道天然气气化率仅为16.27%，工商业用户10户，年供气量较小。

居民用户燃气普及率已达80.6%，供气方式主要是钢瓶装液化气，仅有500余户居民住宅楼采用了LPG瓶组气化管道供气，其余居民及工业、商业用户日常燃料仍为燃煤或重油等高污染燃料。

2. 存在问题

（1）管线天然气气化率低，远低于国内同类城市。

（2）缺乏燃气储配设施和备用气源，在上游停气情况下缺乏应急预案。

（3）厂区管网覆盖范围下，管网布局不合理，未形成环状管网供气格局，安全可靠性差。

3.燃气工程规划

（1）气源规划

现状中心城区气源为液化石油气和CNG压缩天然气。

近期规划中心城区主要气源为CNG压缩天然气，辅助气源为液化石油气与管道天然气。远期规划中心城区全部使用管道天然气。

（2）居民气化率

近期：燃气总气化率达85%以上；远期：燃气总气化率达95%以上。

（3）用气量预测

根据规划区功能定位和用地布局，未来管道天然气主要用户包括居民用户、商业用户、工业用户、采暖和制冷用户、汽车用户等。

参照山东省及沂源县周边城市的耗热定额，确定居民耗热定额为1465兆焦/人·年（35万千卡/人·年）。

规划2035年居民管道天然气普及率为95%；商业用气量按照居民用气量的70%计算；采暖和制冷用户用气量按照居民用气量的8%计算。根据沂源县工业发展规划及近年来沂源县工业企业的能耗调研，预测工业用户的用气量占年用气量的60%。未预见用气量按以上各类用户用气总和的5%计算，则到2035年，中心城区天然气总需求量为1.19亿立方米/年（含管道天然气和液化天然气），如表7.15所示。

表7.15　各天然气用户年用气量预测（2035年）

用户类别	数量	用地定额	年用气量（万立方米）
居民生活	33.25	52.17	1735
商业	居民用气量的70%		1214
汽车	出租车 辆*60%	出租车0.9万立方米/车*年	394
	出租车 辆*80%	出租车2.3万立方米/车*年	672
	其他车辆	出租、公交用地量的15%	160
工业	占总用气量的60%		7157
未预见量	占总用气量的5%		596
合计	——		11928

（4）天然气站场规划

规划由博山引入中石油天然气管道，接入西鱼台村西侧门站。近期保留现状中心城区3处液化气储配站（东源液化气站、东源液化气站、恒源液化气站）和1处CNG储配站，规划3座燃气调压站；远期规划一座燃气调压站。远期将CNG气源站调整为大型燃气调压站；在中心城区敷设中压管网，主管道管径de160—de200，支线管道管径de90。

（5）输配系统规划

规划近期与远期共建设次高压B、中压A管网共103.7千米，最终形成半环次高压管线，在南外环路以南麻大街、健康路、润生路、东外环路"四大纵"，以迎宾大道—新城路、沿河东路—鲁山路到东外环、鲁阳路—荆山路—工业路"三大横"，使新老城区成4个大的环网，基本覆盖全部规划区域。

规划中心城区内燃气管网输配系统按中低压两级管网供气，在居住和公建密集区设置区域调压站或用户专用调压器调压，燃气管网首站起点压力0.4兆帕，中心城区管网枝状与环状相结合供气，管径d300—d200。

7.13.6 供热工程规划

1.现状概况

（1）现状供热范围

沂源县中心城区现状供热用地范围约18平方千米，集中供热主要以蒸汽和低温水为主。至2015年，集中供热面积约426万平方米，现状供热普及率约为47%。

现状中心城区集中供热区集中在西山路、新城路、富源路和荆山路之间。其中，低温水供热主要集中于富源路、瑞阳大道、鲁山路、新城路及汇景苑小区附近；蒸汽供热主要集中于剩余区域。

（2）现状热源

沂源县源能热电有限公司是沂源县集中供热唯一热源厂，装机容量9.6万千瓦。分散热源为联合化工锅炉房，位于沂源县城区南部，属企业自备锅炉房。

目前沂源县中心城区现有热力站约172处，其中包括了有规模的居住小区，较大规模的单位宿舍和公共建筑等。

（3）现状干管走向

①沂源县早期建设的蒸汽管线主要采用架空敷设方式，其

余部分蒸汽管线为直埋、地沟敷设。由现状热源——沂源源能热电厂以出口管径DN500蒸汽管线分别向东、西方向分4条管线，分别沿瑞阳大道、鲁山路、荆山路、开发大道等道路敷设至城区内，现有44家蒸汽用户。

②低温热水管线均为直埋敷设，由现状热源——沂源源能热电厂以出口管径为DN900管线向南、北敷设，分别以新城路、鲁山路、荆山路为主干线，自东向西敷设至整个中心城区采暖用户，与现状172处热力泵站及部分直供用户相连接。

（4）现状存在问题

沂源县目前集中供热事业发展滞后，不利于居民生活环境的改善。为满足城市集中供热，沂源县应加快城市主力热源进行集中供热的步伐。

①热源布局问题。由于沂源县目前的发展超过了上版集中供热规划预期，目前供热发展不能很好地按照规划统一合理布局，造成现状城市供热热源单一，集中供热普及率较低。

②热源发展规模问题。现有热源为小型热电联产机组形式，供热能力低。在城市供热发展初期，热源建设规模基本为企业行为，造成现有热源选址和规模未达到合理和科学的要求，现有热源供热范围内仍有供热缺口，不能满足城市供热发展要求。

③热源耗能问题。供热方式单一，效率低，能耗大，且对环境造成污染。

④热力站规模、型式较多，有待进一步规范调整。

⑤供热管网的匹配问题。随着城市发展，集中供热需求大幅增加，部分供热主管网流通能力明显不能适应供热需要，现

状供热管网辐射面不足，不能满足城区发展的供热要求。

⑥供热体制不完善。目前沂源县集中供热依托于源能热电，但是城市供热保证率不高，需要完善体制建设，确保沂源县集中供热事业健康、稳定发展。

2. 供热规划

（1）采暖热负荷预测

中心城区热负荷主要由工业热负荷和非工业热负荷组成。

2035年沂源县人均居住面积按40平方米考虑，2035年沂源县人口按照35万人计算，则中心城区居住面积为1400万平方米；公建用地面积240万平方米，公建容积率按照1.1来计算，公建建筑面积约为264万平方米；工业用地面积823.2万平方米，容积率按照0.5来计算，建筑面积为412万平方米。

根据《城镇供热管网设计规范》（CJJ34—2010）对我国三北地区采暖热指标的规定，以及山东省《居住建筑节能设计标准》（DBJ14—037—2012）关于建筑物耗热指标的限值，并结合沂源县供热发展实际，确定沂源县采暖热指标为：住宅40瓦/平方米，公共建筑60瓦/平方米，工业建筑60瓦/平方米。

预测2035年中心城区采暖热负荷约为830兆瓦（见表7.16）。

表7.16　沂源中心城区采暖热负荷预测（2035年）

项目	建筑面积（万平方米）	热负荷（兆瓦）
居住采暖	1400	560
公建采暖	264	105.6
工业采暖	412	164.8
合计	2076	830.4

（2）供热能源结构

以煤炭为主，电力、油品、天然气、煤气、液化石油气等优质洁净燃料为辅。

（3）供热方式

燃煤对应的最佳方式为热电联产和集中供热，根据沂源县自身情况，此次规划确定供热方式以热电联产和集中供热为主。

（4）热源规划

近期规划在现状热电厂原有基础上进行扩建。

远期规划新建两处热源：一处为锅炉房，位于西外环与高速路交叉口附近的物流园区内，成为中心城区的第二热源；另一处为热电厂，位于东部经济开发区内。

3. 供热管网规划

沂源县规划供热管网主要分为两部分：蒸汽管网和低温循环水管网（其中蒸汽管网主要用于工业用热）。

根据《山东省人民政府办公厅关于加快推进全省城市供热节能工作的通知》（鲁政办发〔2009〕84号）明确城市供热系统节能技术改造的目标任务要求，用于采暖的蒸汽管网改为热水管网，全面更新改造使用15年以上的老化供热管网，将供热网损控制在5%以内。考虑供热管网服务半径，规划确定城区工业供热采用蒸汽管网，满足生产工艺需要；采暖采用高温热水管和低温热水管网形式供热，现有蒸汽采暖管道改造为热水管道。

根据城区采暖热负荷分布现状和位置，并考虑地区经济及热负荷发展特点，本着因地制宜、分步实施，适度超前，充分结合现状的原则设置热力站。热力站设置将以新建为主，处于居民稠密区或商业区的热力站可以考虑利用商服设施的空间共同建设。热力站均应设防噪声或隔噪声设施。

根据城区供热现状和城区供热发展，按照供热面积不同分为5万、10万、15万、20万、25万五种规模。本规划共新建热力站56座，其中，供热面积25万平方米热力站12座，20万平方米热力站10座，15万平方米热力站13座，10万平方米热力站16座，5万平方米热力站5座。

7.13.7 环卫工程规划

1. 现状概况

（1）垃圾收集及处理设施

中心城区及镇驻地生活垃圾收运方式有三种：一是塑料垃圾桶收集，统一运至生活垃圾转运站压缩后运至生活垃圾无害化处理厂；二是垃圾转运箱收集，统一运至生活垃圾转运站压缩后运至生活垃圾无害化处理厂；三是离垃圾填埋场近的片区，从各垃圾收集点直接运至生活垃圾无害化处理厂。中心城区居住小区内设置垃圾收集点，服务半径为50—70米，每天由专人定时清运。

现状沂源县城有一处生活垃圾填埋场，两处生活垃圾转运站。

（2）现状公厕

沂源县县城内目前现有公厕34座，公厕等级大多为二三类，分属不同部门管理。其中，由沂源县市容环境卫生管理处负责直接管理的有13座、文化局1座、园林局7座、水景公园8座、其他社会管理5座。

沂源县县城每平方千米建设用地公厕分布密度为1.8座/平方千米，距离《城市环境卫生设施规范》中的3—5座/平方千米的标准有较大差距。

2. 规划原则

（1）与沂源县城市性质、经济社会发展相适应，与城市建设协调发展。

（2）贯彻城乡统筹与基础设施先行的原则，与城镇及村庄布局相结合，保证环境卫生事业发展与社会经济发展、自然环境相协调。

（3）结合现状、统一规划、分步实施、近远期结合、适度超前。

（4）科学规划、合理布局、立足目前，着眼长远，推进城乡一体化建设，加快环卫设施的规模化建设。

（5）加强源头管理，注意资源回收与综合利用，逐步实行城市垃圾分类收集、分类运输和分类处理。

（6）环境卫生设施的设置应满足城乡用地布局、环境保护、环境卫生和城市景观等要求。

（7）技术政策应体现先进适用、经济合理、安全可靠原则。力求社会效益、环境效益和经济效益的协调统一。

3. 生活垃圾产生量预测

目前，我国城市人均生活垃圾产量为每天0.6—1.2千克，这个值的变化幅度较大，主要受城市具体条件影响。比如，市政公用设施齐备的大城市的产量低，而中、小城市的产量高；与世界发达国家城市生活垃圾的产生量情况相比，我国城市生活垃圾的规划人均指标以0.9—1.4千克为宜。

中心城区2025年城市生活垃圾的人均日产生量为0.90千克/人；县城2035年城市生活垃圾的人均日产生量确定为0.80千克/人/日（见表7.17）。

表7.17 沂源县城生活垃圾产生量预测表（人均指标法）

期限	2025	2035
人口规模（人）	28	35
人均垃圾生产量（千克/人/日）	0.9	0.8
日均垃圾产生量（吨/日）	252	280

根据预测，2025年沂源县县城日均生活垃圾产生量为252吨/日，年生活垃圾产生量9.2万吨/年；2035年沂源县县城日均生活垃圾产生量为280吨/日，年生活垃圾产生量10.22万吨/年。

4.环卫设施规划

（1）垃圾处理厂

规划沂源县生活垃圾采用卫生填埋的方式处置，沂源县垃圾处理厂作为最终处置地点，负责全县生活垃圾的最终处置。近期对原垃圾填埋场保留，之后停用。远期在县城南侧规划一处生活垃圾处理厂场地。

（2）垃圾转运站

根据预测，规划远期县城垃圾清运量为280吨/日。结合现状实际情况，远期改造2座垃圾中转站，新建7座小型压缩转运站。

（3）公共厕所

参照《城镇环境卫生设施设置标准》（CJJ27—2005），结合用地规划对县城进行公共厕所预测（见表7.18）。

表7.18　沂源县城公共厕所数量预测一览

序号	用地性质	规划用地面积（平方千米）	公厕数量（个）	设置标准
1	居住用地	15.3	62	4个/平方千米
2	公共设施用地、商业设施	5.5	22	4个/平方千米
3	工业用地	8.23	9	1个/平方千米
4	公园	——	30	游人容量的2%设置厕所蹲位
	合计		123	——

5. 粪便收运处理体系

中心城区每年产生的粪便，一部分经高温发酵后作为肥料用于附近农田；另一部分作为企业污水处理厂的菌种（有机盐）用，处理率100%。

在条件受到限制的老城区或个别村庄，环卫部门配备真空吸粪车对各类化粪池进行有偿清疏，并将残渣转运到垃圾处理场进行无害化处理。

6. 无害化及固体废弃物处理体系

规划和建设无害化垃圾处理设施，对沂源县城市垃圾采用卫生填埋方式来解决垃圾围城、污染环境、威胁地下水等问题。到2025年，固体废弃物无害化率达到100%。

餐厨垃圾产生单位设置餐厨垃圾收集点，使用可与餐厨垃圾专用收集车配套使用的垃圾桶收集。统一运至淄博市规划的餐厨垃圾处理厂处理。

7.14 城市安全与综合防灾规划

7.14.1 防洪工程规划

1. 防洪现状

沂源县城区现状人口15万，但沂源县城区属于山前台地，地势西北高，东南低，河道两侧高程梯度较大，仅沿河谷底两侧狭窄区域地势偏低，根据城区高程分析，现状建成区仅约1/15的区域相对低洼，存在洪涝风险，人口约为1万人。根据《防洪标准》（GB50201—94），沂源县城市防洪标准为Ⅳ等，防洪标准为20年一遇。

沂源县城市建成区防洪工程主要为田庄水库、沂河、螳螂河。螳螂河城区段总长6.5千米，已全部进行治理，治理标准达50年一遇；建成区内沂河长5.5千米，已全部治理，防洪标准达20年一遇；沂河上游田庄水库的除险加固工作已完成，防洪标准达100年一遇；沂河发生20年一遇洪水时，城区不会面临洪涝威胁。沂源县城市建成区防洪工程设施满足《防洪标准》（GB50201—94）中根据城市等级确定的防洪标准。但建成区以外、规划区内的沂河田庄水库坝下至螳螂河入沂河口段、儒林河、东沙沟西沟、东沙沟东沟、北石臼河、阿陀河和悦庄河七条河道存在淤积、设障等情况，需进行河道治理。

2. 防洪规划指导思想

坚持"全面规划，综合治理，防治结合，以防为主"方针，从本县实际出发，充分利用和发挥现有设施，因地制宜，因害设防，提高防洪排涝标准和能力，保护生产、生活和人民的安全。通过社会集资，财政投入等实施防洪、排水工程设施建设规划。

3. 防洪规划

（1）防洪标准

根据《防洪标准》（GB50201—94）和《城市防洪工程设计规范》（GB/T50805—2012），沂源县城市防洪标准为Ⅳ等，防洪标准确定为20年一遇，城区排涝河道排涝标准为10年一遇。根据规划城区内各河道性质、灾害类型，确定沂河、螳螂河、悦庄河为防洪河道，治理标准为20年一遇。儒林河、窗户沟、西沙沟西沟、西沙沟东沟、东沙沟西沟、东沙沟东沟、涝坡河、阿陀河、北石臼河为排涝河道，治理标准为10年一遇。

根据《室外排水设计规范》（GB50014—2006：2011）和《城市排水工程规划规范》（GB50318—2000）的规定，沂源县城区的排水系统宜采用分流制。根据沂源县城区地形和不同区域重要程度，不同地段降雨重现期一般城区为1年，主要干道为2年，学校、居民和商业区为3年。

（2）防洪工程要求

采取以排为主，蓄排结合的防洪措施。

①加高加固现有堤防，治理病险河段。

②清理河道，对影响泄洪的局部河段和桥涵水闸进行拓宽

改造，改善和提高河道的行洪排涝能力，以满足设计标准下洪水的顺利排放。

③提高城市植被和森林覆盖率，减少水土流失。特别对河流上游地段，应彻底杜绝毁林开荒的行为，并对水土流失严重的地段逐步实施退耕还林的工程措施。

7.14.2 消防规划

1. 城区消防现状

沂源县城现有1处二级消防站，位于县西门北路，占地面积3266平方米，现有官兵17人。城区现有消防栓仅47个，部分消火栓损坏或无水，基本无消防池，县城多家单位无消防设施。东里镇有1处二级消防站。

2. 消防规划原则

以防为主，消防结合，以专项消防队伍为主干，群众消防组织为基础。

3. 消防设施规划

（1）一般要求

①城市消防站布局要求在接警5分钟内，消防队可到达责任区边缘，消防站责任区面积宜为4—7平方千米。1.5万—5万人的小城镇可设1处消防站，5万人以上的小城镇可设1—2处消防站。地处城市边缘或外围的大中型企业，消防队接警后难以在5分钟内赶到，应设专用消防站。

②消防站应位于责任区中心，设于交通便利的地点，如城市干道或十字路口附近；消防站应与医院、小学、幼托及人流

集中的建筑保持50米以上的距离，以防相互干扰。消防站应确保自身的安全，与危险品或易燃易爆品的生产储运设施或单位保持200米以上间距，且位于这些设施的上风向或侧风向。

③消防栓沿道路设置，靠近路口，间距应小于或等于120米。当路宽大于等于60米时，宜双侧设置消防栓。消防栓距距路边不应超过2米，距建筑墙体应大于500厘米。在布置消防栓时还必须注意，由于多数城市水压不足，在扑灭城市火灾时，单单依靠消防栓是不行的，消防车必须能进入灭火区域，因此，不能以密设消防栓的方法来减低消防车通行的宽度要求。

（2）规划布局

近期完善县城消防设施布局。按消防规划要求布置消火栓，规划消防通道。远期规划在县城增设3处一级消防站。

4. 消防给水规划

在进行城镇、居住区、企事业单位规划和建筑设计时，必须同时设计消防给水系统。消防用水可由市政给水管网、天然水源或消防水池供给，利用天然水源时，应确保枯水期最低水位时消防用水的可靠性，且应设置可靠的取水设施。

5. 消防道路规划

镇道路在明确功能、合理分类时，主次干道应能满足抢救物资和疏散的要求，其宽度应考虑干道两侧房屋火灾灾害倒塌后路面受到阻塞时，能保证消防车辆通行；各建设区的主要道路宽度及转弯半径均需满足消防车通行要求，尽端式道路长度不宜大于120米，并应设不小于15米×15米的回车场地；沿街建筑物长度超过150米或总长度超过220米时，应设不小于4米×4米的消防通道。

6. 消防通讯规划

根据规范要求，县火警总调度台设置不少于两对火警电话专线。一级消防重点保护单位至消防总调度台或责任区消防站应设有线或无线报警设备，县火警调度台与城区供水、供电、急救中心、交通、环保等部门之间应设有专线通讯。

7.14.3 抗震规划

1. 抗震规划目标

建立健全沂源县的地震监测预报、震灾预报和紧急救援体系，提高抗震应急救助能力，有效减轻地震灾害损失，保护人民生命财产安全，维护社会安全稳定，保障经济建设的健康发展。

2. 抗震规划

（1）建立地震减灾指挥系统

建立沂源县地震减灾指挥系统，负责制定地震应急方案，组建和培训应急救援队伍，建立健全指挥部的各项运行机制，统一指挥人员疏散、物资转移和救灾。规划各级指挥中心与各类救护中心结合，配备双线通讯线路及无线通信系统。

（2）避震疏散通道与疏散场地

避震疏散通道原则上应使居民的疏散救护便捷安全，保证主要道路畅通无阻。规划避震疏散通道主要利用城镇的主次干道及城镇对外交通设施相联系的骨干道路，形成通畅的快速疏散体系。规划管理中要对沿线建筑控制高度和建筑后退距离严格审批，以保证建筑物倒塌后仍能通行。避震疏散场所面积按照1.5平方米/人的标准进行配置，城镇公园、广场停车场、空地、运动场、学校操场及人防工程作为地震时的主要疏散场地。

（3）生命线系统及抗震设防

重点加强对沂源县供水、电力、交通、电信、燃气、医疗救护、粮食供应、消防等城市生命线系统的防护技术措施。根据国家颁发的《中国地震烈度区划图》的划分，沂源县地震基本烈度7度。规划沂源县内一般建筑物及工程构筑物，按7度抗震烈度设防，重要建筑物如学校、医院、救灾指挥中心等，宜提高一度设防。原有的工程设施不符合抗震要求的建筑物、构筑物，须进行加固和改造处理。

（4）次生灾害源的控制管理

对生产、存放大量易燃、易爆品的单位，在规划中应严格安排在远离城镇生活区的地带，位于城镇上风向和人口密集地区的灾害源要迁至较适宜地段。燃气长输管线两侧各类建筑物及工程构筑物，应严格按照国家有关规范规定保留安全距离。对市政站点、过境中高压油气管线等进行重点防护，避免出现安全隐患。

7.14.4 人防规划

1. 人防设施现状

（1）人防工程

县城现状人防工程类型均为结合建筑进行建设。城区内现状有5处人防工程，具体情况如表7.19所示。沂源县人防指挥中心位于振兴路61号县政府二楼，面积为36平方米。

表7.19 县城人防工程一览

序号	工程名称	种类	位置	规模（平方米）	建设时间
1	瑞阳制药有限公司研发中心科研楼人防地下室	结建	瑞阳大道南首西侧	4001.8	2010.6
2	山东药玻技术研发中心人防地下室	结建	沂源药玻路1号	1592.7	2010.6
3	沂源县商务大厦人防工程	结建	历山路南首西侧	3655.87	2010.11
4	沂源县人民医院综合楼人防工程	结建	胜利路北侧县医院院内	761	2010.11
5	山东联合化工技术研发中心人防地下室	结建	南外环路与专利园路交叉口	2006	2011.2

（2）防空警报设施现状

防空警报设施是从2004年开始建设，逐年陆续增加。截至目前，共安装防空警报设施19台套，均为电声警报器。分布在县城规划区范围内，覆盖率达100%。

2. 城市人防工程现状及存在问题

①建设单位在修建民用建筑时，只注重平时功能的设计，未将应承担的人防工程同步规划进去，造成应建人防工程没有建，使新建民用建筑没有战时防护功能。

②人防工程布局不够合理。目前，我县已建成的人防工程主要分布在近年开发的新城区地段，相对集中。而在开发地段少或老城区，新建项目少，居住人口多，防护功能低，真正战时人员不能及时掩蔽。

3. 城市人防工程规划目标

保障人防工程建设全面、有序展开，增强沂源县的整体防护能力和综合发展潜力；保证人防工程在战时具有防空抗毁能力、保存对敌作战力量，平时具备发展城镇经济、防灾、抗灾的双重功能；把人防建设和城镇地下空间综合利用，与城镇防灾抗灾建设紧密结合起来。使人防建设和地下空间开发进入法制化、有序化轨道。

4. 城市人防工程规划

（1）地下空间人防工程规划

地下空间人防工程规划按照战时留城人口占总人口的30%，人均人员掩蔽工程面积近期为0.6平方米，远期为1.0平方米计算，规划沂源近期人防工程5.0万平方米，远期人防工程10.5万平方米。

（2）指挥通讯中心与医疗中心规划

县政府设人防救灾指挥中心。县城两处医院为急救中心。

（3）疏散场地规划

城镇公园、广场、空地、运动场、学校操场等开敞空间作为战时的主要疏散场地。

（4）疏散通道规划

对外疏散通道为主要干道。

地下人防工程建设：人民防空工程建设的设计、施工质量必须符合国家规定的防护标准和质量标准。人民防空工程建设用地实行规划控制，由国土主管部门按国防用地予以划拨。

洞口管理房占地面积为：主要出入口200平方米，一般出入口100平方米，竖井30—50平方米主要出入口是指商业区、居民区、人口密集地段和重要目标附近的口部。

为保障战时人员与物资掩蔽、人民防空指挥、医疗救护应单独修建相应的人民防空工程；凡在沂源地区内新建住宅、旅馆、酒楼、饭店、宾馆、商场、批发交易市场、学校教学楼及其附属建筑和办公、科研、医疗用房、综合楼、文化影视剧院（场）、文体娱乐活动中心、车站、机场、港口码头等所有民用建筑，应按照下列标准修建防空地下室。

10层以上或者基础埋深3米以上的民用建筑以及居民住宅楼和危房重建住宅项目，按地面建筑首层相等的面积修建防空地下室除第一项规定以外的其他民用建筑，按地面总建筑面积的4%修建防空地下室。这里所称民用建筑，是指除工业生产厂房及其配套设施以外的所有非生产性建筑。

7.15 中心城区环境保护规划

7.15.1 环境保护目标

根据生态市建设要求及国家各项环境保护规范标准，确定沂源中心城区各项环境指标目标如下：

大气环境质量保持在《环境空气质量标准》（GB3095—2012）二级标准的范围内；水环境质量达到《地表水环境质量标准》（GB3838—2002）Ⅱ—Ⅳ类的范围内；城区各功能区环境噪声达到《声环境质量标准》（GB3096—2008）要求。2035年各类功能区达标率达到100%。

2035年，中心城区饮用水水质达标率100%，工业废水排放达标率100%，污水集中处理率达到100%，生活垃圾无害化处理率100%。

7.15.2 环境功能区划及环境质量控制标准

1. 大气环境

依据《环境空气质量标准》（GB3095—2012），规划中心城区均划分为环境空气质量功能二类区，执行环境空气质量二级标准。

2. 水环境

根据《地表水环境质量标准》（GB3838—2002）的规定，地表水水环境适合水域环境功能Ⅱ—Ⅳ类标准。其中天湖水质达到地表水Ⅱ类水质标准，螳螂河、沂河、饮马河等城区主要河道水质达到地表水Ⅳ类水质标准。

3. 区域环境噪声

根据《城市区域环境噪声标准》（GB3096—93）的规定，区域环境噪声分4类，天湖片区及儒林新区北部片区执行1类标准，老城区及儒林新区南部片区执行2类标准，经济开发区执行3类标准，城区主干路、铁路周边地区执行4类标准。

4. 环境保护措施

（1）全面推行清洁生产，促进资源合理利用。加大推行清洁生产的力度，对排污不达标的企业强制进行清洁生产，从源头上降低或消除污染。强化和完善清洁生产的政策和制度，使清洁生产制度化、规范化，在技术改进中落实控制污染目标，推进清洁生产的实施。

（2）大力调整产业结构和加快优化工业布局。充分利用高新技术，提高传统产业的工艺技术和装备水平，增加科技含量，扩大市场占有率。依法关闭和淘汰技术落后、质量低劣、浪费资源、污染环境的企业，大力发展环保产品和新型建材等新兴产业。提高工业集聚度，重点搞好产业园区建设，为污染物集中治理创造条件，减少乱排自排现象。

（3）坚持对重点污染源进行治理，控制新污染源。加大对重点排污企业的监管力度，保证企业治污设施正常运转，稳定达标排放。完善城市污水管网及污水厂的建设，提高城市污水收集率和处理率。坚决控制新污染源的产生，积极引导和鼓励引进清洁生产项目，大力发展质量效益型、科技先导型、资源节约型工业。

（4）对城市大气环境和声环境进行综合整治。实施城市集中供热，彻底淘汰小燃煤锅炉。大力治理城区扬尘污染，主要治理城市道路、工业园区、建筑工地、交通运输扬尘。加强城市道路规划建设，尽量避免过境车辆穿越城区，加强车辆管理，控制交通噪声。加强对建筑施工噪声以及生活噪声的管理。

7.16 中心城区城市更新规划

坚持统一规划、合理布局、因地制宜、综合开发、配套建设。本次总体规划修编确定的城市发展方针是以新区开发为主、旧区改造为辅，重点建设新区，缓解旧区压力，提高城市整体生活质量。

7.16.1 旧城现状及存在问题

旧城主要是指历山、南麻的旧的建成区，以及部分独立村庄居民点，集聚了城区大部分的居住、商业、公共服务设施。旧区存在诸多问题：文教体卫、商业与居住用地相互镶嵌，工业仓储用地与居住、村镇居住用地混杂，土地利用效率低；居住用地的建筑密度过高，建筑质量、环境质量较差；基础设施、公共服务设施整体不足，功能结构不合理；历史风貌景观受到威胁，存在建设性破坏现象。

7.16.2 更新原则

（1）调整布局，优化结构。旧城改造与新城开发协调发展，功能布局统筹安排，优化旧城结构，提高土地利用效率。

（2）安排时序、逐步改善。严格控制近期不具备建设条件的地区，集中力量高标准改造对城市结构影响大，改造效果显著的局部地段，避免全面开花和低水平的重复建设。

（3）制定合理指标。制定科学合理的容积率、建筑密度、建筑间距、拆建比等经济技术指标，避免过度开发导致的环境恶化。

（4）进行环境整治。提高绿化水平，进行环境综合治理，改善旧区的环境质量。

（5）保护城市传统风貌、特色街区以及社会网络。

（6）因地制宜地进行村庄改造工作，对不同类别的村庄采取不同的改造方式。

7.16.3 更新措施

1. 统筹考虑旧城更新和新区发展

旧城区以行政办公、医疗、教育、商业和居住为主，结合城市空间布局调整新区建设，以政府为主导，统筹建立容积率补偿机制和安排旧城区部分职能向外疏散，并严格控制旧城区内的建筑总量和建设项目规模。

以提高居民生活环境水平为目标，坚持逐步改造、循序渐进的步骤。通过在新区集中建设配套设施齐全的居住新区，吸引本地区外迁人口；坚持逐步改造，对居住密度过高地区，应拆除部分居民楼，加大住宅间距，满足住宅日照间距要求，降低建筑密度。

对新建改建住宅的层数、电梯配置、日照间距等问题要严格执行国家相关技术规范。

2. 调整优化用地布局

搬迁原有工业和仓储用地，对其周围用地功能进行合理调整，并将原有部分空地改作公共绿地，以形成环境优美、配套完整的居住区。

调整商业设施的布局，沿振兴路、荆山路和历山路集中布置商业，并通过景观、环境设计，展现沂源山水的特色。其中，强调步行流线与沮河景观风光带的联系。

强化螳螂河、儒林河及沂河景观风光带的建设，将滨河绿地建设与周边的用地功能统一考虑，创造积聚特色、积聚人气的城市滨河绿化。

加强对现有城中村的改造，加强市政设施、公共服务设施、绿地的建设，提高城市整体环境质量。

3. 完善道路系统和改善环境

将对外交通引至城市外环路，缓解振兴路、博沂路及螳螂河东西路的交通压力，同时可以避免对外交通对城市的干扰。

综合整治胜利路和振兴路，缓解旧城区的交通压力，同时加大胜利路、历山路及振兴路的步行空间，结合两侧商业用地，以形成良好的商业氛围。保留原有街巷，通过交通环境治理和交通管制，形成完善的支路体系。

控制建筑密度，增加公共绿地、居住区绿地和专项绿地的比重，提高绿地率。

7.16.4 更新模式

1. 旧城改造模式

结合旧城实际情况，采取适合的改造方法与模式。

（1）结合城市道路拓宽、打通进行改造；

（2）结合危旧房区进行改造；

（3）结合重点工程项目进行改造；

（4）结合工业调整进行改造；

（5）结合旧城基础设施改造进行片区整治。

对中心城区的大型公益性、公共性的基础设施建设，涉及拆迁改造，宜采取政府主导型改造模式；其他地块可以在政府统一指导下，通过市场化运作进行招商引资开发改造。改造方式上应采取重建和整建相结合，对于新建小区，符合城市规划的予以保留。对建筑年代久、层数低的旧城区房屋实行重建。

同时在改造时，要进行划区域划片统一改造，实现市政公共资源的共建共享，确定先后次序，保证改造一片，就要建成一片，收益一片的原则。

2.城中村改造模式

城中村改造安置住房应实行原地和异地建设相结合，以原地安置为主，优先考虑就近安置；异地安置的，要充分考虑居民的就业、就医、就学、出行等需要，将规划确定的建设用地安排在交通便利、配套设施相对齐全地段。

（1）城中村类型划分

沂源县中心城区范围内的村庄类型大体可以分为以下三种类型：

饱和型"城中村"：这类村庄已经完全被城市建成区所包围，也即狭义的"城中村"。一般来说，村庄内部已基本没有发展用地，又明显呈现出建筑密度大、布局混乱，基础设施、公共设施配套差，卫生条件恶劣等问题，严重影响城市的生活环境和社会发展。

发育型"城中村"：位于建成区的边缘，与建成区相连，受经济利益驱使，大规模的建设运动正在这些地区如火如荼地展开，如不及时进行规划控制和建设引导，这类村庄将很快演变为饱和型的"城中村"，导致改造的成本增加。这类"城中村"主要指位于"准城市化"地区的村庄。

潜在型"城中村"：这类村庄被纳入城市规划区范围内，但与建成区尚有一段距离，城市用地开始向其扩张延伸，旅游休闲、高等级公路等一些城市设施已在周边建设，村民已经开始从事第二、三产业，自发建设的需求越来越旺盛。

（2）城中村改造模式

沂源县城中村数目较多，类型多样，既有已被城市建成区包围，与其他用地混杂的村庄，也有位于城乡接合部，或刚步入城中村范畴的村庄。因此，要使大名县的城中村改造顺利进行，针对各村的实际情况，必须选择正确、适合当地情况的改造模式，同时城中村的改造要结合旧城改造，逐步实施。

城市建成区内饱和型"城中村"：

由于这些村用地分散，与其他城市用地交插分布，改造投资大，但由于位置优越，村内土地的价格较高，开发利润较大，对于村集体经济实力强的村庄，可采用村民自主开发模式，以原地重建回迁为主的方式进行改造，如果村庄规模过大，户数过多，资金筹备紧张，可以采取滚动开发。村内自筹资金，政府配合转变人口户籍和土地权属性质，变农村人口和集体土地为城市人口和国有土地。应由政府牵头指导，引入开发商，与村集体共同制定改造方案，采用三方结合开发模式。

城市建成区边缘的发育型"城中村"：

这些村土地开发价值低于中心区的价格，改造回报也低于中心区村庄，政府应加大优惠力度，吸引开发商介入，采用三方结合的改造模式，政府牵头指导，引入开发商会同村集体共同改造，或通过开发商单方改造。而一些位置偏僻的村庄，改造难度较大，回报收益小于投资额，达不到改造的条件，可暂时进行留置，待条件成熟时再进行改造，但要将其划为控制发展区，不再向外批宅基地，禁止一切违反规划的建设，以免日后改造成本的再度增加。

城市规划范围内的潜在型"城中村"：

这些村庄耕地面积较多，改造投资较小，符合改造条件的村庄可采用三方结合模式，以原地改造的方式进行改造。达不到条件的城中村可进行留置。但要加强此类村庄的土地管理和规划管理，引导村民进行建设，避免其无序发展，是这类"城中村"改造和整治的当务之急。

7.16.5 实施对策

（1）在充分利用市场机制的同时，强调政府的调控作用，使城市功能的替换和转移能够有利于整体功能布局结构的优化，有利于广大居民生活环境的改善。

（2）学习和引进先进精明的土地经营手段，防止因政府基础设施投入带来的土地增值大量流失，在旧区更新中为城市积累财富。

（3）通过规划协调，促进旧区更新与新区建设的联动；加强规划管理，切实保证通过旧区改造，创造更加健康、更加优美的城市环境。

（4）重视旧区交通政策的制定和引导，通过道路交通系统的建设，引导开发，并不断改善和提升旧区交通环境的质量。

7.17 六线划定及管制要求

建设部颁布《城市规划编制办法》（2006年4月1日起执行），要求规划必须进行"四线"管制，将"四线"管制作为强制性内容。规划确定"四线"管制应与国家有关专业的技术规范及规定要求相吻合，一经批准，不得擅自调整，如确需调整，应由规划审批机关批准。《山东省城乡规划条例》（2012年12月1日起执行），要求加强对城市公益性公共设施、城市道路的规划管理。因此，本次规划的六线控制包括绿线、蓝线黄线、紫线、橙线和红线。

7.17.1 绿线

城市绿线是指城市各类绿地范围的控制线。规划确定城市绿线包括：风景林地的范围、公共绿地、防护绿地、园林生产绿地、居住区绿地、道路绿地、城市广场。各类绿线控制范围与园林绿地系统规划一致。城市绿线范围内的用地，不得改作他用，不得违反法律法规、强制性标准以及批准的规划进行开发建设。除规划允许的建设活动外，绿线内不得进行与绿化无关的建设活动。不得建设除景观小品类以外的任何建构筑物，可以根据需要建设定型市政处理设施。城市绿线内用地须依据《城市绿线管理办法》进行管理。

本次规划绿线范围具体包括城市公园、社区公园、大型街头绿地及主要干线道路两侧绿化空间等。

7.17.2 蓝线

城市蓝线是指规划确定的江、河、湖、库、渠和湿地等城市地表水体保护和控制的地域界线。规划确定城市蓝线包括沂河、螳螂河、儒林河和饮马河干流及支流等城区水体。城市蓝线范围内，严禁违反城市蓝线保护和控制要求的建设活动，擅自填埋、占用城市蓝线内水域，影响水系安全的爆破、采石、取土、擅自建设各类排污设施，以及其他对城市水系保护构成破坏的活动。

城市蓝线范围内一切开发建设活动必须符合《城市蓝线管理办法》的相关规定。

7.17.3 黄线

城市黄线是指城市重大基础设施及其用地控制范围，包括道路交通基础设施和市政基础设施。

交通基础设施黄线范围包括：公共汽车首末站、长途客运站、大型公共停车场；轨道交通线、站场；城市交通综合换乘枢纽；城市广场等城市公共交通设施。市政基础设施黄线控制包括：水厂和水处理工程设施等供水设施；污水处理设施；垃圾转运站、卫生填埋场等环境卫生设施；城市气源和燃气储配站等城市供燃气设施；城市热源、热力线走廊等供热设施；城市发电厂、区域变电站、高压线走廊等供电设施；邮政局、电信局、广播电台等通信设施；消防指挥调度中心、消防站等消防设施。

黄线范围内的建设活动应符合《城市黄线管理办法》有关规定，土地的使用用途不得随意变更，严禁损坏城市基础设施或影响城市基础设施安全和正常运转的行为。

7.17.4 紫线

城市紫线是指国家历史文化名城内的历史文化街区和省、自治区、直辖市人民政府公布的历史文化街区的保护范围界线，以及历史文化街区外经县级以上人民政府公布保护的历史建筑的保护范围界线。

紫线内用地的保护及建设应遵循《城市紫线管理办法》进

行管理。紫线内用地严禁损坏或者拆毁保护规划确定保护建筑物、构筑物和其他设施；严禁占用或者破坏保护规划确定保留的园林绿地、河湖水系、道路和古树名木等；严禁修建破坏历史文化街区传统风貌的建筑物、构筑物和其他设施；严禁其他对历史文化街区和历史建筑的保护构成破坏性影响的活动。

7.17.5 橙线

城市橙线是指对城市发展全局和公共利益有影响的、城市规划中确定的、必须控制的城市公益性设施。

城市公益性公共设施指居住区及居住区级以上的行政、文化、教育、卫生、体育等公益性公共服务设施，以及居住小区中独立设置的公益性公共服务设施。具体包括：市属机关，如人大、人民政府、政协、法院、检察院、各党派和团体等行政办公机构；农贸市场；省、市、区属文化艺术团体，各级广播电台、电视台和转播台、差转台，公共图书馆、博物馆、科技馆、展览馆和纪念馆，电影院、剧场、音乐厅、杂技场，文化宫、青少年宫、老年活动中心等文化设施；高等院校，中等专业学校，聋、哑、盲人学校及工读学校等教育设施；医院、卫生防疫等医疗卫生设施；体育场馆和体育训练基地等体育设施；养老、殡葬、救助等社会福利设施；居住小区中独立设置的高中、九年一贯制学校、初中、小学、幼托、老年公寓、行政管理等公益性公共服务设施；其他对城市发展全局有影响的城市公益性公共设施。城市红线范围内一切开发建设活动必须符合《山东省城市橙线管理办法（试行）》的相关规定。

7.17.6 红线

城市红线是指城市道路的中心线和红线位置。沂源县主干路道路红线控制在40—60米，次干路道路红线控制在30—40米。老城区内部现状干路道路的红线宽度可根据现实情况确定，但主干路不得少于35米，次干路不得少于25米。

具体规划主次干路道路红线宽度可参照道路与交通设施用地规划章节。城市红线范围内一切开发建设活动必须符合《城市红线管理办法》的相关规定。

第 8 章　多规融合

8.1 总体要求

8.1.1 国家层面：提升国家治理能力

推进多规融合是推进生态文明体制建设，提升国家治理能力的重要手段。确保城市总体规划与国民经济和社会发展、土地利用、生态环境保护等相关规划相衔接，统筹城乡发展，优化生产、生活、生态空间，是完善空间规划体系，实践国家生态文明体制改革的重要体现。2015年9月中共中央、国务院《生态文明体制改革总体方案》要求构建以空间治理和空间结构优化为主要内容，全国统一、相互衔接、分级管理的空间规划体系，着力解决空间性规划重叠冲突、部门职责交叉重复、地方规划朝令夕改等问题。

8.1.2 山东省层面：加强城市总体规划与"多规"衔接协调

2016年山东《关于切实加强和改进城市规划管理工作的实施意见》（鲁发〔206〕15号）要求做好城市总体规划与国民经济和社会发展、土地利用、生态环境保护等相关规划的衔接，合理划定城市开发边界、基本农田和生态保护用地，统筹城乡发展，优化生产、生活、生态空间，加快推进城市发展方式由外延扩张向内涵提升转变。因此，在城市总规规划层面推进多规融合，其重点在于充分发挥城市总体规划对于城市发展的战略性空间问题科学把握的能力，通过空间结构优化、功能布局完善等，明确城镇空间发展思路，合理划定城市开发边界，并以此为依据与其他空间类规划充分衔接。2017年，中共中央办公厅和国务院办公厅联合印发《省级空间规划试点方案》。提出建立健全统一衔接的空间规划体系，重点是划定城镇、农业、生态空间以及生态保护红线、永久基本农田、城镇开发边界（简称"三区三线"）。自此，多规工作空间管制重点由生产、生活、生态"三生空间"更改为城镇、农业、生态"三类空间"。[①]

---

① 更改的原因根据国家发改委就《省级空间规划试点方案》的答问通稿中所做解释——之所以用"三类空间"代替"三生空间"，主要基于以下三方面考虑：一是落实中央以主体功能区规划为基础，推进"多规合一"的战略部署要求。主体功能区规划提出了城市化、农业和生态安全三大战略格局，"三类空间"与之相对应，是三大战略格局在国土空间管控上的具体落地实施。二是"三生空间"划分单元相对精细，适于在城市或村镇内部划定，不适宜在城市外围的广大农业空间和生态空间直接划定，也不利于实现对大的地域空间的综合管控。特别是在中央倡导产城融合发展的背景下，即使在城市内部，"三生空间"也往往彼此耦合，很难精确划定具体边界。三是考虑了国际经验和实践基础，发达国家通常先划定城市建设地区、农业农村发展地区、绿色开敞生态地区等综合功能分区，再细化安排用地布局；全国28个"多规合一"试点市县也大多探索划定了"三类空间"，实践证明是科学可行的。

8.2 基本思路

8.2.1 明确空间战略，加强发展引领

以促进战略目标实现为基础。坚持发挥城市规划在城市发展中的"战略引领与刚性管控"的重要作用。以城市竞争力提升为前提，明确城市发展方向，优化空间结构，引导设施支撑。并以此作为推动多规融合工作的重要基础和方向。

8.2.2 突出底线思维，加强生态管控

以保护生态优化空间为前提。从推进生态文明体制建设的高度认识"多规融合"工作的重要性。以优化城市开发边界与生态保护红线、永久基本农田边界为重点。突出生态保护重要性，优化国土空间开发与保护。重点是协调环保、林业、水利、规划、国土等部门的生态控制线，形成统一生态管控边界。

8.2.3 加强资源整合，协调城规土规

建设用地区内，重点是城规和土规的图斑差异梳理。以优化城市功能布局为导向进行差异图斑调整，形成"两规"一致建设空间。开展基础数据整理工作，将城规和土规的基础数据统一到同一坐标系的空间平台上。分析图斑差异，通过"县—部门"的联动协调机制，明确处理意见和建设用地的调入调出方案，消除规划矛盾，形成一致的建设用地空间布局，并通过管控边界（即建设用地规模控制线、城市建设用地增长边界控制线、产业区块控制线和生态控制线）的划定，形成无缝对接

管控分区。

8.2.4 尊重事权边界，预留协商接口

多规融合工作以协调全县各部门空间类规划为目标，需要建立专门的县级领导小组。例如，厦门成立了全市域多规合一工作组织和统筹协调领导小组，其中，组长由市委书记担任，副组长由市长、人大主任、政协主席、市委副书记、市委常委担任。其他成员包括：市委副秘书长，市发改委、市规划局、市国土房产局等各局局长。成立领导小组办公室，挂靠在市规划局，负责多规合一工作具体实施。

本次总体规划推动多规融合工作，存在两个"有限"性问题。一是部门权责有限，本次总体规划以县规划局为主导，与其他部门协商力度不足。二是规划事权有限，本次总体规划仅解决中心城市发展问题，对乡镇规划研究不足。因此，需要在尊重其他部门、乡镇规划事权的基础上，预留协商接口，推动全面多规融合。

8.2.5 限定对接范围，确保引导弹性

本次总体规划编制期限为到2035年。考虑到沂源县现行土地利用总体规划规划期限为2020年，与本次总规存在较大差异。同时，本次总体规划的规划重点是中心城区以及周边重点功能区所共同构成的主城区。为确保引导弹性，保障划定合理，限定本次多规融合的范围为主城区，规划期限为2035年，同时预留弹性政策接口对接新一轮土规调整。

8.3 空间管控框架

8.3.1 总体框架

本次总体规划推动管控空间划定和多规融合的范围为主城区。

2017年国家出台《省级空间规划试点方案》提出"以主体功能区规划为基础，全面摸清并分析国土空间本底条件，划定城镇、农业、生态空间以及生态保护红线、永久基本农田、城镇开发边界（三区三线）"。根据《方案》要求，首先划定生态保护红线，并坚持生态优先，扩大生态保护范围，划定生态空间；其次，划定永久基本农田，考虑农业生产空间和农村生活空间相结合，划定农业空间；最后，按照开发强度控制要求，从严划定城镇开发边界，有效管控城镇空间。本次总体规划以此为要求，划定城镇、农业、生态三类空间。

划定的基本方法为保护基本生态空间，即按照"底线"要求，划定全县域发展需要保护的基本生态空间。保障城镇发展空间，即按照科学合理的城市发展规模预测，划定城市开发边界，为城市发展留足空间。保留主要农业空间，即保护好沂源重要的农业发展空间，确保特色产业的发展。

8.3.2 生态空间划定

1. 空间划定

主城区生态空间由生态红线和水域空间构成。

生态红线参考《淄博市生态红线划定方案》，沂源县主城区共涉2块，包括沂河源头水源涵养生态保护红线区和沂源西部—田庄水库生物多样性维护生态保护红线区，总面积90.81平方千米。水域空间主要包括主城区内的沂河、螳螂河、儒林河、饮马河等。

2.管控措施

为保障城市生态安全格局，遵照生态空间的系统性和完整性原则，强化生态保护红线的边界管控。除国家、省重大项目建设需要；因城市总体规划、土地利用总体规划、环境功能区划等上位规划调整；线内生态保护要素范围调整等确需对生态保护红线的局部调整外，严禁改变生态保护红线的范围。生态保护红线确需局部调整，必须遵循总量不减、占补平衡、生态功能相当的原则，按法定程序先申请后调整。

生态保护红线基本管控要求：

（1）性质不转换。为加强生态保护，应要求区内的生态用地不可转换为非生态用地，使区内保护的主体对象保持相对稳定。

（2）功能不降低。生态保护红线保护的核心目标是维持和改善水源涵养、水土保持、防风固沙、生物多样性等生态服务功能。对于生态服务功能的极重要区域，应采取封禁等措施，确保其功能持续稳定发挥；对于存在退化的生态敏感区和脆弱区，应实施生态修复，使生态服务功能得到不断改善。

（3）面积不减少。为维持生态保护红线划定的刚性要求，生态保护红线边界应保持相对固定，不可随意调整，以有效控制不合理的开发建设活动。

（4）责任不改变。生态保护红线不是新的生态保护地，其管理形式不打破现有的行政管理体制，红线区内的生态保护职责由相关主管部门共同履行。

8.3.3 城镇空间（城市开发边界）划定

城市开发边界，具体是指城市行政辖区内区分可进行城市开发建设用地和不可进行城市开发建设用地的空间界线。

1. 划定原则

按照集中连片、相对规整的原则划定，边界内允许包括一定数量的永久基本农田等非建设用地，占城镇开发边界围合空间比例不超过10%。城镇开发边界内的永久基本农田应作为绿色开敞空间，充分发挥其生产、生态等多样性功能。

统筹城市重大发展资源与发展机遇，为城市综合功能提升提供空间应对。根据山东省《关于全面开展新一轮城市总体规划编制工作的通知》要求，本轮城市总体规划应按照城镇化成熟期的城市人口规模做好空间发展引导，为长远发展和重大建设留出余地，增强规划的弹性，以适应不同时期城市发展需求。

保持城市形态和结构大框架不变的前提下，为城市用地拓展提供一定的弹性。划入城镇开发边界的地区应包括：（1）规划2035年城镇建设用地范围。（2）为应对不确定性因素预留的弹性发展用地。

2. 城市开发边界的划定

城市开发边界具体包括规划建设用地边界和城镇拓展边界。

（1）2035年规划城市建设用地边界

规划城市建设用地边界，是指本次沂源县城市总体规划依据城市未来发展对建设空间的需求，划定的城市规划建设用地界线。

（2）城镇拓展边界

城镇拓展边界是为进一步控制城市未来发展的方向而划定的战略保障空间。为了保证规划的灵活性，城镇拓展边界可以与开发边界进行转化。

按建设用地的15%预留城镇拓展边界。

城镇拓展边界的空间划定遵循3项原则。一是优先选择中心城区周边地区；二是优先选择现状一般农用地；三是优先选择城市重点发展的项目功能区周边。

3.管控措施

城市开发边界确定后，可在用地规模不变的前提下对城市开发边界内的弹性建设用地做出形态调整。城市开发边界内的弹性建设用地须与中心城区规划建设用地等量置换，相关调整方案应向原城市总体规划审批机关进行备案。城市开发边界本身的规模与范围仅在城市总体规划编制期内，在原审批机关同意的情况下可进行调整。

对城市开发边界范围内、外的国土空间开发利用活动，实行有区别的分区管制，严格控制城市开发边界外的各类开发建设活动。在城市开发边界范围外，城县政府不能进行城市基础设施和公共服务设施建设。本级城市规划主管部门不能在开发边界外做出规划许可，本级国土部门不可安排土地征转、提供建设用地指标。

对于城市开发边界内的集体建设用地，应完善用地规划许可制度，促进形成城乡统一的土地市场。城市各部门、各行业编制的城乡建设、土地利用、区域发展、产业布局、基础设施建设等相关规划的编制和实施，应符合城市开发边界的管控要求。

8.3.4 农业空间

1. 空间划定

农业空间是沂源县发展农业经济，保持地方特色的重要活力空间。农业空间由永久基本农田保护区、一般农用地空间和村庄建设用地组成。农业空间以农业生产要素特色化、集中化、规模基本相当为原则进行划定。

2. 管控措施

永久基本农田保护一经划定，不得随意调整。除法律规定的能源、交通、水利、军事设施等国家重点建设项目选址确实无法避让的除外，其他任何建设都不得占用。区别对待、分类管理城镇开发边界内、外的永久基本农田，进一步发挥耕地和基本农田的复合功能，合理引导和控制城市建设用地扩张。

加强农业空间合理保护与利用。建设特色农业示范区，发展蔬菜、花卉等精品农业。发展科技育种、培育壮大农业电商。加强农业设施建设，提高农业经济效益。

将村庄建设用地作为农林用地整备区，因地制宜、规范有序地推进其腾退和复垦。建设具有良好水利和水土保持设施的、高产稳产的优质耕地，经验收后可适时补划为基本农田，促进基本农田的集中连片布局。

8.4 对接策略

8.4.1 边界融合

考虑到本版总体规划规划期到2035年，与现行土地利用规划等其他规划存在时间差异。因此，本次总规确定城市开发红线与其他边界之间存在交叉的问题应在其他规划编制或全县域统一推动的"多规合一"工作中予以解决。为确保有效融合，本次总规提出以下城市开发边界与其他边界的对接策略。

1. 永久基本农田位于城市开发边界内的情况

融合策略：对接新一轮土地利用规划编制，适时将城市开发边界内的基本农田调出。对不可跳出的情况，按照不超过单个城市开发边界板块总面积的10%的比例进行保留，作为农业开敞空间。重点发挥其生态保育价值。

2. 生态红线位于城开发边界内的情况

融合策略：遵守生态红线管控要求。做到生态红线内性质不转换、功能不降低、面积不减少、责任主体不改变。

8.4.2 其他实施策略

严格遵守城市开发边界、生态红线以及永久基本农田边界的管控要求。各类管控边界确定后，各自规划期限内，仅在原审批机关同意规划进行修编的情况下可进行调整。其他情况均需按照边界管控要求严格执行。

以城市总体规划为战略引领，推动全县域"多规合一"工作，做到全县域发展一张"蓝图"。加强城市总体规划与新一轮土地利用规划的融合对接。建立统一的空间规划信息管理平台。

研究制定"多规"数据信息标准规范系统。统一坐标系、用地分类、数据格式，建立标准化、开放的空间规划信息协同管理平台，实现各业务部门管理信息系统与平台的信息交换、信息共享和管理联动。

建立健全规划协调机制，探索建立高效、权威的规划管理体制。深化行政审批制度改革，突破行政壁垒，提高项目审批效率。实现城市总体规划在实施过程中与其他部门规划充分衔接。通过生态保护红线、永久基本农田控制线、城市开发边界三条核心控制线来相互监督，共同管控国土空间资源的保护与开发。

第 9 章 中心城区近期建设规划

9.1 规划期限

结合沂源县土地利用总体规划、国民经济社会发展"十三五"规划，统筹沂源发展实际和近年来的相关发展计划，确定本次近期规划期限为2025年。

9.2 规划原则与目标

9.2.1 规划原则

（1）立足现状，远近结合：在现状的基础上，综合考虑近期实施的可能性和远期总体布局的合理性；用地选择要留有余地，增加规划实施的弹性。

（2）政府引导，并充分发挥市场作用：政府重点投资结构性路网及基础设施建设，适当超前建设，引导城市结构展开；同时积极发挥市场作用，顺势而为。

9.2.2 规划目标

充分利用外部发展机遇，挖掘沂源自身潜力，调整战略发展方向与产业结构，近期在现代制造业产业集群建设、商贸物流节点建设、特色旅游产业发展三个重点领域实现突破，提升城市整体竞争力水平，为远景实现山东省中部知名度高、产业发达、特色鲜明、生态宜居的现代化城市目标奠定基础。

9.3 人口与用地规模

考虑沂源县中心城区人均建设用地指标为154平方米的现实条件，结合国家、山东省新型城镇化规划的相关要求，统筹考虑沂源县经济社会发展阶段特征，规划确定应按照"严控增量，盘活存量"的原则，主动控制建设用地规模，为后续发展奠定基础。一方面，严控城区建设用地增量，新增建设用地规模应控制在100平方米/人以下；另一方面，大力推动棚户区、废旧工业用地的综合整治工作，提高现有土地的利用效率。

统筹近期空间发展重点和项目建设需求，规划确定2025年中心城区人口规模为28万人，城市建设用地规模为35平方千米，人均建设用地指标控制在125平方米以内，较现状人均指标实现较大幅度的下调，基本与沂源县土地利用总体规划建设用地规模衔接。

9.4 近期发展部署

9.4.1 生活圈构建计划

全面启动儒林河新区建设工作，积极引导城市职能、人口向新城区转移，实现城市东进的战略性方向选择；稳步推进沂源经济开发区转型升级发展，推动产业集群建设及海洋经济发展；老城区重点进行更新改造工作，重点在于功能疏解、环境品质与公共服务品质的综合提升。适时推动外围特色片区发展，严控开发强度，突出组团特色。

积极推进县城存量用地更新与社区精细化管理；进一步优化县城社区规划，提升城市整体公共服务水平；推进三级公共服务体系建设，重点建设11个县镇级服务中心，确定标准化设施清单，全面推进各街镇生活圈的构建。

9.4.2 公园体系计划

推进市域旅游游憩体系建设，加大旅游服务设施供给；加强儒林河片区环境整治，建设儒林新区中央公园带；控制城市重要开敞空间的建设，着力打造山前休闲带、沂河休闲带、天湖滨湖区域等城市样板工程；完善郊野公园和社区公园建设，打造高标准、多层次、全覆盖的城市公园体系，全面实现500米见园计划。

9.4.3 文化传承计划

加强地域文化保护与传承，推进"齐长城、沂蒙山崮群"两大文旅融合工程；结合重要文保节点，加快建设3个县城内遗址公园，加强对文化遗产的保护，塑造地域文化名片；同时完善县城各类型文体设施的建设，逐步增加和改善公共文化体育设施的数量、种类、规模以及布局，建设儒林新区人文客厅。

9.4.4 蓝天绿水行动计划

加快推进沂河、螳螂河两侧的污染企业全面退转，预留滨水开敞空间，实现市民滨水可达；同时提倡滨水功能的多样性和混合性，增加经营性设施的建设，使其能被市民所共享；加强对县城周边企业的管理，着力做好县城内工业企业的废气污染防治，确保达标排放；加快城市水环境的综合治理，逐步实现城区河道修复与恢复远景发展构想，恢复河道水美岸秀的景观风貌。

第 10 章 城市远景发展构想

10.1 远景发展目标

实现鲁中山区生态宜居城市的建设目标，商贸物流与区域性服务产业充分成长、战略性新兴产业集群发展壮大、现代农业产业特色显著，到2050年建设成为山东省中部城市特色鲜明、产业竞争力强、生态环境优良的现代化山水城市。

10.2 远景发展策略

10.2.1 区域性功能培育

随着沂源县的发展壮大，远景应依托中心城区重点培育区域性的服务功能，强化沂源县生态价值优势，提升城市影响力，建设成为区域战略性节点。

10.2.2 产业全面转型

全面实现产业结构的优化调整和整体转型升级。制造业方面，应以沂源县经济开发区和儒林河新区为依托，发展壮大生物医药和新材料产业，形成规模化、特色化、集群化发展态势，打造山东省绿色产业和循环产业发展高地。

10.2.3 环境品质提升

完成以儒林河、沂河和螳螂河为重点的景观环境改造工程，将城市山前、滨水等高价值地区的生态资源、文化资源串联起来，促进"山—水—城"良性互动，构筑"蓝绿交织、水城共融"的生态城市空间，实现城市环境品质的全面提升。

10.3 远景发展部署

10.3.1 进一步完善中心城区

考虑中心城区人口进一步集聚、经济实力提升、发展阶段转变等因素，应在城市远期或远景发展阶段适时进一步完善中心城市建设，加强旧城更新，提升城市空间发展承载力。

应秉持高品质建设的要求，打造沂源老城区和儒林河新区。依托沂河打造特色生态功能区，与自然生态环境有机结合，发展特色生态职能，带动全县域产业经济的进一步升级发展和人居环境的品质提升。

10.3.2 城市外围组团的提升发展

中心城区的空间拓展不宜无限制，应合理划定城市开发边界，坚持"三主、三辅"的中心城区功能结构框架，防止城市建设"摊大饼"而引发若干城市病。

远景发展应将城市扩容重点放在悦庄镇片区的开发建设、中部工业区改造升级和东部工业区的拓展，适度开发建设天湖旅游度假区。强化外围组团与老城区加强功能互动，实现全域功能融合、城乡一体化发展。

第 11 章 规划实施保障措施

11.1 加强规划法制建设

健全规划法律责任，树立城市总体规划的权威性，近期建设规划、建制镇总体规划、控制性详细规划、重点地段城市设计和专项规划的编制必须严格遵守城市总体规划的相关规定；根据行政许可法要求，及时深化城市总体规划成果，转化为城市建设规划管理的文件。加强城市规划立法，尤其加强对于城市"六线"（绿线、蓝线、紫线、黄线、橙线、红线）的立法控制。

法定图则是规划管理的核心，直接指导土地开发控制的法定依据。总体规划批准后，应加快法定图则对规划区的覆盖进程，已编和在编的各项法定图也必须根据新的总体规划思路和要求进行相应的调整和深化落实。同时，应进一步健全法定图则的编制、审批和调整程序，完善编制技术支撑体系，强化法定图则的刚性作用。

11.2 完善规划衔接机制

推进城乡规划、经济社会发展规划、土地利用规划和环境保护规划等"多规合一"，建立相应的规划管理信息平台，实现

"一张蓝图管到底",完善规划决策、项目审批和实施机制,实现县域规划全覆盖,强化统一管理。

城市总体规划经法定程序批复后,应依据本规划,县政府应尽快组织制订《沂源县城市总体规划实施办法》,全面落实总体规划确定的城市发展总目标和各分项目标,明确各部门、各级政府和各社会团体执行规划的责任、权利和义务以及相应的奖惩措施,并尽快编制调整《沂源县综合交通规划》《沂源县中心城区控制性详细规划》《沂源县儒林河新区城市设计》等规划,加强上下位规划之间的衔接。

11.3 建立区域协调机制

探索建立产业分工合作、基础设施共享衔接、水资源管理、灾害防治、环境治理等方面的区域协调长效机制。以沂蒙山区全域旅游建设为依托,重点加强与沂水、蒙阴、淄博等周边县市的协调,并积极承接青岛、济南的辐射带动,发挥山东半岛蓝色经济区和黄河三角洲高效生态经济区的影响作用,融入山东半岛城镇群整体发展格局。

同时,在县域内部通过县级政府的协调管控,重点加强中心城区与经济开发区、悦庄镇、天湖保护区等外围重点发展片区间的协调。并且注重以悦庄镇、东里镇的综合服务为主导,石桥镇、鲁村镇的工业发展为依托,大张庄镇、西里镇、张家坡镇和中庄镇的农业发展为辅助,以南鲁山镇、燕崖镇的旅游建设为特色,在乡镇层级协调管控,促进全域协调发展。

11.4 健全城乡统筹机制

以集体经营性建设用地流转为突破，积极探索建立城乡之间生产资料等要素流动机制，逐步消除城乡在土地、户籍、就业等方面的二元管理的体制障碍。尊重农村居民发展诉求，在保障耕地面积不减少、农业生态效率提高前提下，依据生产模式、景观风貌、区位条件的特点制定不同的村庄整治模式，建设农村新社区，逐步推进农村宅基地从分散、粗放向集中、集聚流转，提高建设用地集约利用水平。

采用经济、社会、文化、生态、资源等多元化指标，并依据不同地区的特点综合制定政绩考核体系。完善县域统筹的财政转移支付制度，加大对生态保护地区、农业高产区的支持力度，使其在充分发挥特色保持、生态保护、耕地保有等作用的同时，享有公平的发展权。

11.5 完善配套保障政策

为了保障总体规划与空间资源的统一管理和与政策的协同性，初步构建实施城市总体规划的保障政策体系，结合政策本身的特征以及与规划实施的相关性，大致包括土地政策、人口政策、产业政策、城市更新政策、住房政策、交通政策、生态环境政策、公共服务政策、公共财税政策和城市特色政策十类政策。并对已颁布的各部门或各级政府的各项政策实施绩效进行评估，结合实际效果和规划的目标要求进行相应调整、补充和完善。建立整体系统的保障政策体系，是落实总体规划关键因素。

11.6 严格环境保护机制

严格执行城市总体规划确定的县域空间管制政策，保护区域性不可再生资源。严格保护各类自然保护区、风景名胜区、水源保护区和山前地区等生态和景观敏感地区，建立生态和景观敏感地区项目建设的环境准入门槛，完善准入和退出机制，保障生态和景观敏感地区保护按照规划顺利实施。

严格控制天湖地区开发利用，结合城市总体规划、生态环境保护规划、水源地保护等要求，按照控制性详细规划的深度编制天湖地区规划，综合确定天湖地区生态保护区范围和旅游开发强度，作为天湖地区开发与管理的法定依据。

11.7 完善公众参与机制

在完善规划审批制度和规划公开的基础上，建立健全城市规划的监督检查制度。发挥人民代表大会、政协、各基层社区组织以及社会团体、公众在城市规划实施全过程中的监督作用。建立重大问题的政策研究机制和专家论证制度，建立重大建设项目公示与听证制度。增强城市总体规划公开透明的力度和公信力。设立监督机制，将公众参与引入规划编制、管理的各个阶段。加强城市规划的监督检查。利用卫星遥感技术，对各区实施城市规划情况进行动态监测，对违反城市规划行为要坚决追究行政责任、法律责任。应加强城市规划执法，严格责任追究。